花樣主食

SABA's Kitchen

薩巴蒂娜／主編

我親愛的主食

這是一個物質極度豐富的年代，也是一個值得感恩的年代。

主食不是只有米飯和饅頭，在中國，主食比天上的星星都多。

早上我喜歡來一碗小餛飩，漂著紫菜和蝦皮的那種，淋上一點香油和醋，呼嚕呼嚕連料帶湯喝完，渾身舒坦。又或者給自己做一碗香噴噴的蛋炒飯，用昨天的剩飯和新鮮的雞蛋，從窗臺摘兩根香蔥，切碎撒在飯上，蔥香撲鼻。饅頭切片裹上蛋液炸到金黃，也是我愛吃的一種，配上一個流心荷包蛋和一杓辣椒醬。又或者用烤箱烤兩片麵包，給自己做一個胖胖的鮪魚三明治，放大量的生菜、番茄片、黃瓜片，如果不出門，洋蔥也是要大量的放。我很寵愛早晨的自己，一定要吃得豐盈、滿足，以及攝取足夠多的碳水化合物。

中午的時候我喜歡吃麵。全中國的麵我都喜歡，炸醬麵、大排麵、酸湯麵、大滷麵、雲吞麵、疙瘩湯、揪麵片、扯麵、日式味噌麵、韓國泡菜麵、羅勒松子薑意麵，哪怕最簡單的番茄雞蛋麵和蔥油掛麵，我也吃得津津有味。

啊！晚上，晚上的主食我要少吃一點，但是也要好好籌劃，精心準備。雲南的紅皮馬鈴薯和四川臘肉做的馬鈴薯臘腸燜飯，山西欽州黃小米混合東北五常白米做的二米飯，河北滄州小棗和河南的麵粉做的紅棗捲，福建的肉燕做一碗湯，湖北的黃陂豆絲做一碟臘肉炕豆絲，又或者吃一碗廣西的螺螄粉？多放點脆黃豆和炸腐竹。

生而為人，尤其是生為中國人，感受琳琅滿目的美食帶給人的善意，是多麼的幸福！

高欣茹

目錄

01
Chapter
米飯、粥類

02
Chapter
麵條、河粉類

進階
110

04
Chapter
麵點類

基礎
118

本書使用說明

◎為了確保食譜的可行性，本書的每一道菜都經過薩巴廚房團隊試做、試吃，並且是現場烹飪後直接拍攝完成。

◎本書每道食譜都有步驟圖、烹飪 TIPS、烹飪難度和烹飪時間的指引，確保您照著作法一步步操作便可以做出好吃的菜餚，但是具體用量和火候的掌控則需要您經驗的累積。

常用計量單位對照表

1 小匙固體材料 = 5 克

1 大匙固體材料 = 15 克

1 小匙液體材料 = 5 cc

1 大匙液體材料 = 15 cc

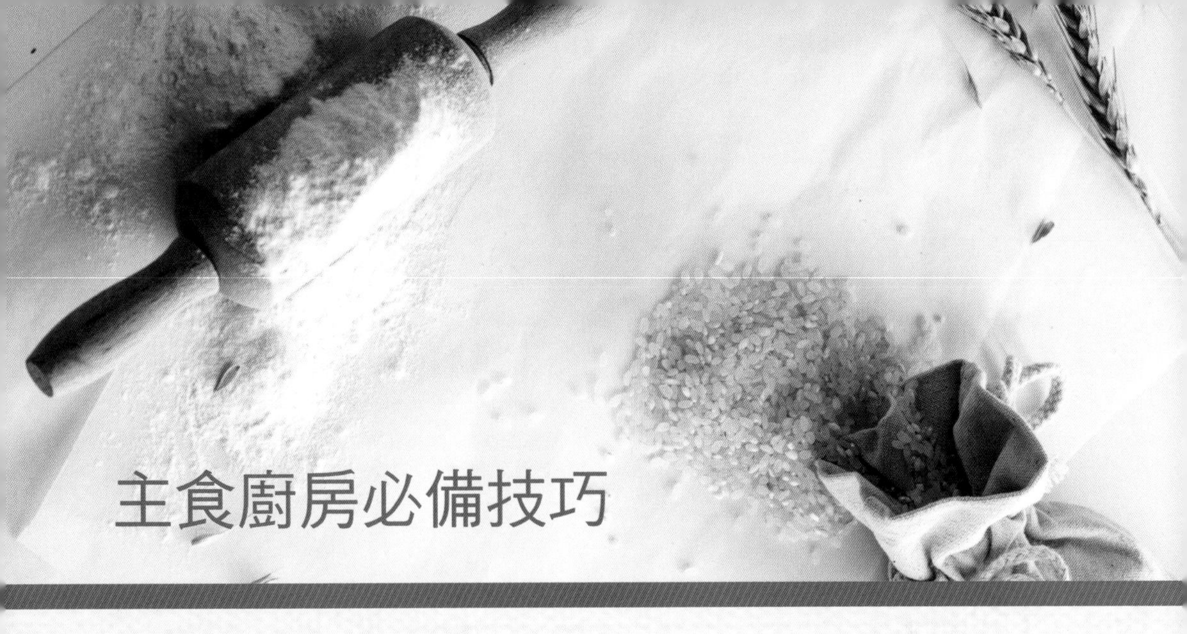

主食廚房必備技巧

工具篇

密封的米缸

帶有蓋子的米缸，能有效防蟲、防潮溼，買回來的白米或麵粉放入米缸中儲存，更有利於糧食的保存。

保鮮盒

使用保鮮盒儲存各種食材、調味料等皆十分好用，既可防蟲、防潮，且輕巧又整齊，方便於收納。

電子磅秤

計重單位可精確到克的電子磅秤，可在生活百貨、烘焙材料行或網路商店購買，價格從數百元至千元皆有。可用於秤量麵粉等食材。

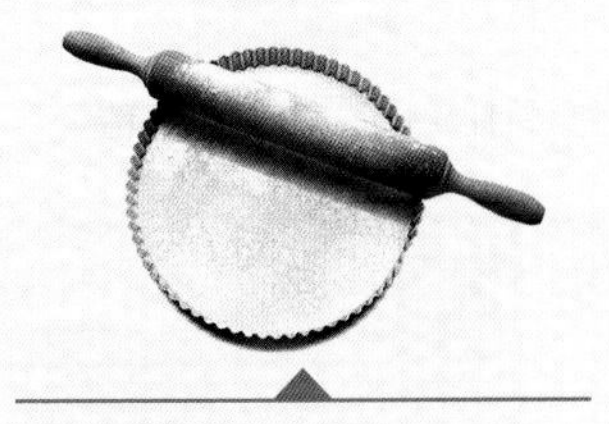

擀麵棍

根據需要購買不同長度的擀麵棍，一般以 30 公分左右的擀麵棍適用範圍最廣。

不鏽鋼盆

可作為和麵、打蛋、放置食材或者攪拌食材的工具。

切麵刀

一般是塑膠製成，沒有刀鋒。用於分割麵團，也可清潔黏附在桌面上多餘的麵粉或小麵團。

蒸籠布

在蒸製的時候，鋪在蒸籠上，可防止食材黏在鍋底，並且有透氣、防水的功能。蒸籠布使用過後需洗淨與晒乾，並放在通風乾燥的地方，以防止發霉。

電子鍋

使用方便、安全，是現代家庭中非常普及的烹煮工具，主要的功能就是煮飯。另外，還具備熬粥、煲湯、加熱、蒸蛋糕等多種使用功能。購買時，可根據家庭人數選擇不同容量。

壓力鍋

在煮飯或熬湯、煲湯等比較費時的烹飪方式中使用壓力鍋，能節約時間，事半功倍。與以前相比，壓力鍋現在的技術更加安全可靠。

蒸鍋

現代家用的蒸鍋多為兩層式蒸籠，是蒸各種麵點主食的好幫手，例如包子、饅頭、蒸餃、燒賣，都離不開它，並且在五穀雜糧的烹製中也不可或缺，例如蒸玉米、山藥、地瓜、南瓜等。雖然只有兩層，但其實底部倒滿水後還可以放入需要煮熟的食品，例如雞蛋等，相當於三層空間，效能非常高。

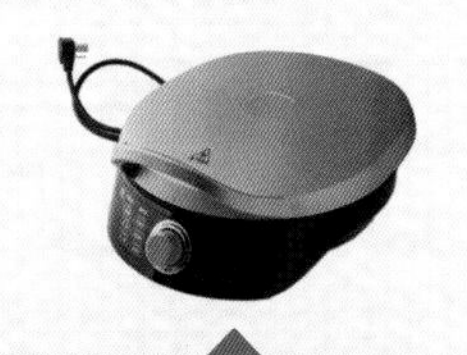

電烤鍋

做餅的利器，不黏鍋、上下火能控溫，方便操作，易清洗。而且有很多功能可以選擇，例如餅類中的燒餅、烙餅、蔥餅、烤餅、餡餅等，還可以煎餃、煎鍋貼、烤魷魚等，具體的功能，大家可以慢慢研究發掘喔！

平底鍋

可根據具體需求選擇不同尺寸的平底鍋，有 18 公分～ 28 公分的尺寸大小供選擇。平底鍋的特點是不黏鍋，或者用極少油便可以煎雞蛋、煎餅，是能兼顧口感和健康的烹飪工具。

Q1 如何保存食材

A：白米、麵粉等食材買回來後，應該存放在低溫乾燥的地方，不要有強烈的日照。

Q2 如何密封食材

A：綠豆、糯米、玉米麵等購買分量不大的食材，可使用有蓋子的保鮮盒密封起來，放在乾燥、陰涼通風處，以防止蟲害和溼氣進入。

Q3 食材如何防止蟲害

A1：在米缸或是儲物櫃的角落放置一些大蒜，其辛辣氣息能夠有效防蟲。

A2：將炒熟的花椒粒包在透氣的棉紗袋中，放置在糧食中，可以防止生蟲。

Q4 已經生蟲的糧食如何處理

A：如果糧食保存不當導致少許生蟲，可以放進冰箱冷凍 24 小時，在進行清洗時，凍死的蟲子會漂浮在水中，便能輕鬆分開蟲和米，清洗乾淨了。

Q5 能替代主食的雜糧有哪些

A：主食的種類繁多，並不僅限於白米、麵粉等精細加工過的糧食，還有地瓜、玉米、山藥、馬鈴薯、南瓜等，美味又有飽足感，是健康的雜糧主食。用這些雜糧適度替代主食，不僅能降低熱量的攝取，而且能促進腸胃的消化、蠕動。每種雜糧都有各自獨特的營養成分，可以完善膳食結構、補充營養元素。

Q6 吃不完的麵食如何保存

A：做好的麵食，溫度冷卻到微涼即可放入冷凍庫冷凍保存，可以存放 2 個月左右，類似冷凍食品，吃的時候拿出來直接烹煮加熱即可。

基礎技法篇

和麵

和麵是製作麵食非常關鍵，也是最基本的技巧。不同的麵食使用不同類型的麵粉，添加對應分量的調味料混合均勻，用冷水、溫水或者熱水攪拌，再用手揉成光滑的麵團。

作法：

1 將麵粉倒入容器中或者倒在乾淨的桌面上，麵粉中間留出一個凹槽。

2 拿一雙筷子，慢慢將溫度適中的清水倒進麵粉凹槽中，邊倒水邊用筷子攪動麵粉，使水分逐漸被麵粉吸收。一般麵食的麵粉和水的比例為 2：1，例如 500 克的麵粉加入 250 克清水即可。（可根據不同麵粉的吸水量自行調整。）

3 當麵粉和水混拌均勻，形成不黏手、表面還有麵粉的麵疙瘩時，用手揉麵。揉麵的力道要均勻、用力，反覆折疊、摔打、揉捏麵團，使麵團充分均勻的吸收水分，直到麵團光滑、有彈性為止。觀察麵團是否揉製完成，可參考「三光」，也就是麵團光滑、容器光滑、手上光滑。

醒麵（發酵）

不論是否加過乾酵母，麵團都有一個醒麵的過程。剛揉好的麵團口感粗糙，一扯就斷。為了讓麵團得到更好的柔韌性，我們通常將揉好的麵團放入容器中，再覆蓋上乾淨的溼毛巾或者保鮮膜（這是為了防止水分流失，造成麵團表面乾裂），根據不同的麵食種類，靜置 20 分鐘至 90 分鐘不等的時間，好讓麵團更加有筋性、柔軟。

擀麵皮

作法：

1 桌面上撒上乾麵粉，將麵團滾圓，搓成長條形，再分割成大小均勻的小麵團。

2 取一份小麵團，在擀麵棍和麵團上都撒上一些乾麵粉，防止黏手。

3 將麵團按扁。然後一手輕輕捏住扁麵團的一端，另一手使用擀麵棍，一邊用手旋轉麵皮，另一手來回擀壓麵皮，將麵皮擀薄。擀好的麵皮以邊緣薄、中間略有厚度為宜。

手工麵條

作法：

1 將高筋麵粉揉成的麵團放置桌面上，光滑的一面朝下。

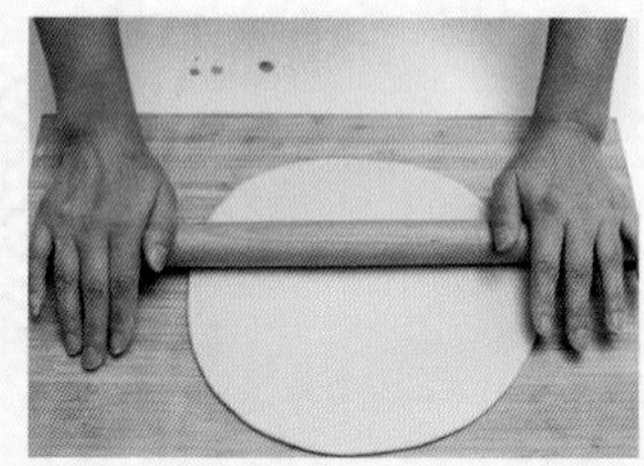

2 擀麵的時候力道要均勻，中途將越擀越薄的麵皮變換角度旋轉擀製，儘量使麵皮的厚度均勻，形狀呈圓形打開。擀製中途不斷撒上一些乾麵粉，防止沾黏。

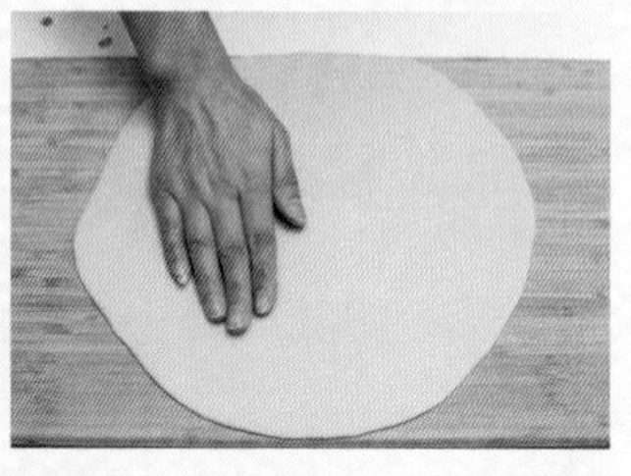

3 擀好的麵皮約略 0.1 公分的厚度即可，用手觸摸麵皮感受平整度，如果有凹凸不平的地方，可以再擀一遍進行調整修形。

4 將麵皮呈波浪狀輕輕折疊，不要壓實。中間撒上乾麵粉，以免麵皮黏在一起。

5 按照自己需要的麵條寬度，用刀切開麵皮，撒上乾麵粉即可。

熬製高湯

常見的高湯有豬骨湯、雞湯、魚骨湯等，將麵條煮熟後放入湯底中，加上愛吃的配料，就是一份美味營養的麵條了。

作法：

1 將雞肉或豬骨洗淨，切塊。

2 大鍋加入清水煮開，放入幾片老薑去腥，倒入雞肉或豬骨。

3 水煮沸後，撈除浮沫，改小火熬煮 1 小時，或者用壓力鍋燉 30 分鐘即可。

煮糙米飯

材料：糙米 200 克

作法：

1 糙米洗淨，用清水浸泡 60 分鐘。

2 糙米、清水按照 1：1 的比例放入電子鍋中。

3 使用電子鍋的煮飯功能即可。

烹飪祕笈：

1 糙米烹煮時間較長，為了節省烹煮時間，可以提前浸泡。該方法適用於所有的穀類，例如糯米、薏仁、綠豆等。
2 可以在烹煮的時候加上自己喜歡的五穀雜糧，例如玉米、地瓜等，做成一鍋雜糧飯。

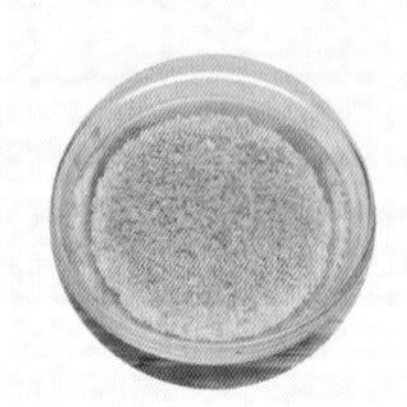

煮白米飯

材料：白米 100 克

作法：

1 白米用清水淘洗一兩次，不要用力搓洗，輕輕攪動即可。

2 淘洗好的白米用清水浸泡 10～20 分鐘。

3 根據白米的種類不同，加水的比例也有區別，若是泰國香米，按照 1：1 的比例加水，東北白米和清水的比例則以 1：1.2 更適合。

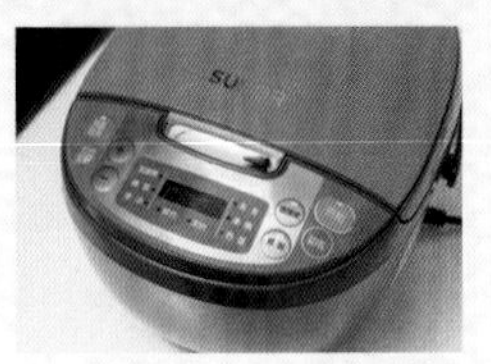

4 將洗好的白米放入電子鍋，按下煮飯開關即可。若是用蒸鍋蒸米飯，則在蒸鍋水開後出現蒸氣，轉中火蒸約 25 分鐘即可。

煮白米飯的訣竅：

現在市售的白米都經過加工，變得更乾淨、更精細，所以煮飯也成為一件很輕鬆的事情。但是想要把米飯煮得更美味、更有口感，還要掌握一些訣竅才行喔！

1 浸泡：若時間充裕，浸泡過的白米煮好後的口感會更為鬆軟飽滿。

2 白米與清水的比例：以 1：1 比例蒸煮出的米飯口感更加 Q 彈，接近乾蒸米飯的嚼勁，一般超市給人試吃的米飯都是這個比例。若喜歡口感更軟綿的，可以把清水比例提高到 1.2。

3 調味料：可在白米中滴入幾滴米醋或幾滴香油。醋可以幫助米飯提香、幫助消化。香油在米中拌勻後，煮出來的米飯色澤更加鮮亮，顆粒分明，不易沾黏。

熬白米粥

材料：白米 100 克

作法：

1 選擇形狀較圓的白米，圓米粒比長米粒的黏性更強，煮出來的白米粥更濃稠。

2 將白米淘洗乾淨後，用清水浸泡 30 分鐘左右，滴入 1 滴植物油，攪拌均勻，這樣煮出來的粥更加軟綿，容易熬出粥油。（註：粥油又稱米油，是指煮好粥後，漂浮在上層黏稠狀的物質。）

3 白米和清水的比例為 1：10 或者 1：12，根據個人喜歡的濃稠度自行調整。

4 取一個砂鍋，倒入清水，水煮開後再倒入米粒，煮到米粒開花後，轉成中小火，蓋上鍋蓋，燜煮 40 分鐘左右即可。

烹飪祕笈：

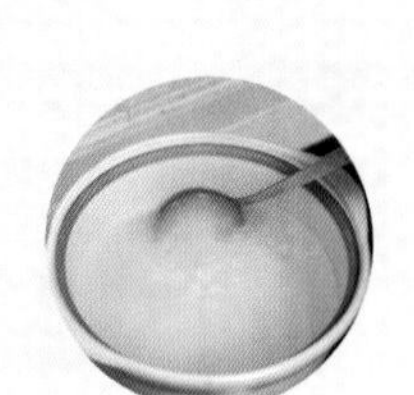

1 將豆類、米類在冰箱冷凍後敲碎再熬粥，可減少熬煮時間。
2 煮粥的水要一次加足，中途不要加水，如果粥底實在太乾，也要加沸水。
3 在最後的 10 分鐘裡打開鍋蓋，用杓子順時針攪拌，避免水米分離。這個步驟很重要，攪拌的關鍵點是朝著同一方向。經過攪拌的白粥比沒有經過攪拌的粥底，在口感上要更加柔滑、黏稠。
4 不要用隔夜飯煮粥，因為米飯已經煮熟，澱粉凝固的過程已經固定，無法再將味道融入粥中，導致吃起來粒粒分明，相對的口感、味道都會較差。

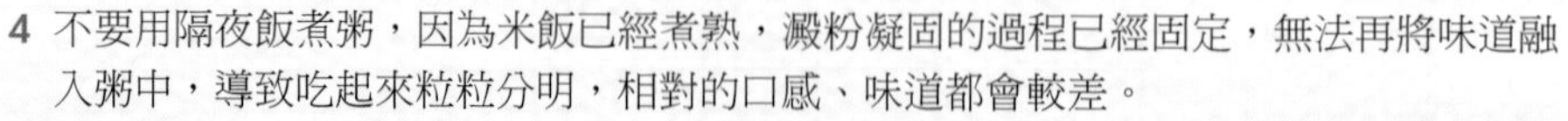

5 儘量選用傳統的砂鍋煲粥，因為砂鍋更能釋放米粒的香味，且在熬粥的過程中，可以隨時開蓋，方便進行攪拌、控制火候變化和隨時添加配料食材等。而選用多功能的電子鍋或是燉鍋，晚上睡覺前打開開關、定時熬煮，早上起來就有熱騰騰的早餐，對於上班族來說也是便利性極高。

白饅頭

材料： 麵粉 500 克

配料： 乾酵母 4 克｜細砂糖 10 克
鹽 3 克｜清水 250 cc

作法：

1 取一半的清水放入碗中，放入乾酵母，攪散後靜置 5 分鐘。

2 在酵母水中放入細砂糖，糖分可以提供酵母發酵的營養。

3 將麵粉放入一個大的容器中，加入鹽，混合均勻。

4 用筷子攪拌麵粉，邊攪拌邊倒入酵母水，以及另外一半的清水。將麵粉攪拌成麵疙瘩狀，用手和麵至麵團柔軟光滑。蓋上保鮮膜，常溫發酵 60 分鐘至麵團脹到 2 倍大。

5 發酵好的麵團用手用力揉 10 分鐘左右後，揉搓成長條，再切成數等分的小麵團，然後揉成饅頭狀。

6 蒸籠上鋪上蒸籠布，將揉好的麵團放在蒸籠布上，每個饅頭之間保留一個饅頭的空隙距離，以免蒸後饅頭脹大，黏在一起。蓋上保鮮膜，再次發酵 20 分鐘。

7 蒸鍋內清水煮開，放上蒸籠，大火蒸 15 分鐘。關火後蓋上蓋子燜 5 分鐘即可。（避免馬上開蓋，冷熱空氣突然接觸會使饅頭縮小。）

烹飪祕笈：

1 根據實際情況放入適量清水揉搓麵粉，最後麵團揉至三光──「容器光滑、手上光滑、麵團光滑」即可。
2 夏天發酵 60 分鐘左右，冬天可以在容器下方鋪上一盆溫水幫助發酵，時間延長到 90 ～ 120 分鐘，或者用烤箱的發酵恆溫功能都可以。
3 可以用牛奶替代清水，做成奶香饅頭。
4 吃不完的饅頭放入冰箱冷凍，做成冷凍饅頭，想吃的時候取出加熱即可。

發麵餅

材料：麵粉 300 克｜乾酵母 2 克
細砂糖 15 克

配料：植物油適量

作法：

1 乾酵母用少許溫水化開，加入細砂糖，糖分可以幫助酵母發酵。攪拌均勻，靜置。

2 麵粉放入一個大的容器中，倒入酵母水，再按照 2：1 的比例加入清水。

3 和好麵後，靜置發酵 60 分鐘（冬天時延長到 90 分鐘）。發酵好的麵團大約有原來麵團的 2 倍大。

4 在桌面上撒上一些乾麵粉，手上也沾一些乾麵粉，將發酵好的麵團再揉搓幾次，排掉麵團內的空氣。

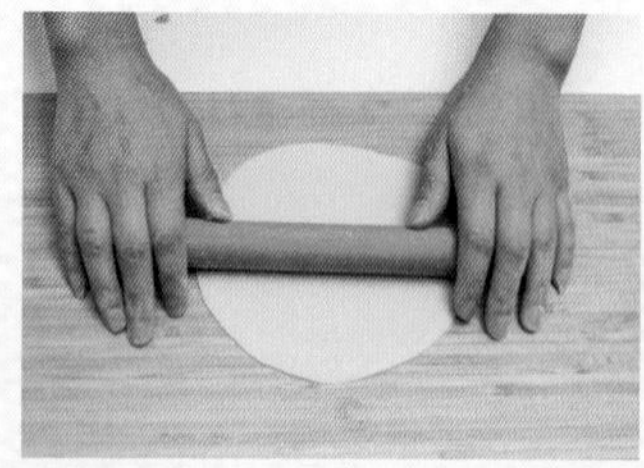

5 將麵團搓成長條形，分成均勻大小的麵團，擀成厚度均勻的圓餅狀。

6 取平底鍋，刷上薄薄一層植物油，避免黏鍋。將麵餅放入鍋中，轉小火，一兩分鐘就翻面繼續煎，小心火候，慢慢煎至兩面金黃即可。

烹飪祕笈：

1 測試發酵的麵團，可以用手戳一下麵團的中央處，若形成的洞口保持正常，不會迅速回縮，麵團也不會迅速塌陷，就表示發酵剛好。若麵團的酸味過重，麵團回縮嚴重，就是發酵過度。
2 煎好的發麵餅，可以撒上少許芝麻增添風味。
3 煎好的發麵餅，可以從中間剖開來，夾入火腿、雞蛋、鹹菜等喜歡的配菜。

烙餅

材料：麵粉 300 克

配料：鹽、植物油各適量

作法：

1 用適當比例的溫水和好麵，蓋上保鮮膜，發酵 30 分鐘。

2 揉搓麵團，排掉麵團內的空氣後，繼續發酵 30 分鐘。

3 發酵好的麵團撒上乾麵粉，用擀麵棍在桌面上擀成薄薄的麵皮。

4 在麵皮上均勻刷上一層植物油，並均勻撒上鹽。

5 將麵皮從下往上（不要太緊，鬆一點）捲成筒狀，再用刀均切成三份，每一份的切口處用手捏緊收口，靜置 5 分鐘。

6 用擀麵棍將麵團擀成圓餅狀，兩面都均勻刷上一層植物油。

7 取平底鍋，刷上一層植物油熱鍋，放入麵餅，轉小火，注意火候，煎約 1 分鐘後翻面，再續煎約 3 分鐘至兩面金黃即可。

烹飪祕笈：

1 烙餅的火候很重要，小火煎，但也不能是最小的火。因為如果火候太小，會導致煎的時間過久，餅的口感會變硬。

2 可以在作法 6 時刷上自己喜歡的調味料，例如辣椒醬、辣椒油、花椒油等。

餃子的包法

普通鎖邊餃子

1 擀好的餃子皮放入餡料。

2 餃子皮對折，中心部位捏合。

3 左右開口的兩邊往中間擠一下，捏攏收緊。

四喜餃子

1 餃子皮要稍大一些，在中心放入肉餡。

2 四個邊往中心點捏，形成四個口袋。

3 口袋中裝入四種餡料，不收口，直接蒸熟。

鍋貼

1 在餃子皮中心放入餡料。

2 將餃子皮向中心對折捏攏。

3 左右兩邊的開口不用收緊，敞口，煎熟即可。

葵花餃子

1 餃子皮平鋪在桌面上，中心放入餡料。

2 再蓋上一張餃子皮，上下餃子皮捏攏收緊。

3 用叉子在餃子皮邊緣按壓出花型即可。

包子的包法

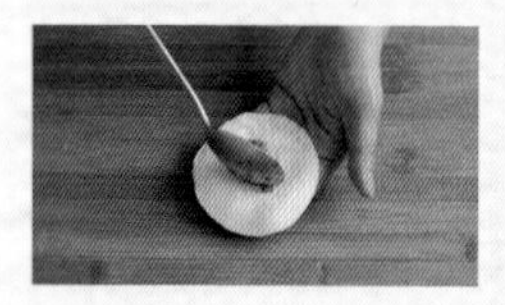

1 左手托好包子皮，放入餡料。

2 右手大拇指和食指提拉住包子皮邊緣，向上邊拎邊向內折疊，形成一個皺褶。

3 左手自然的旋轉包子皮，右手順著一個方向繼續打摺收口，注意不要讓餡料漏出來。

4 直到一個圓圈完成，留下中心一個圓口，用手將封口處黏合即可。

01
Chapter
米飯、粥類

基礎

帶來一天滿滿的元氣

二米飯

簡單

60 分鐘

特色

潔白晶瑩的白米搭配金黃燦燦的小米，不但好看，營養也更豐富，膳食搭配更完善。

材料

白米 100 克｜小米 50 克

TIPS

二米飯當中的小米也可以替換成其他種類的五穀雜糧。例如綠豆、紅豆、黑豆、糙米、藜麥等。

作法

1 白米、小米洗淨後，用清水浸泡 30 分鐘左右。

2 米類與清水的比例為 1：1，將清水倒入電子鍋中。

3 將淘洗好的米類放入電子鍋中，用煮飯功能烹煮即可。

特色

蠶豆是一種好吃又好看的時令蔬菜，綿密的口感很受歡迎。和米飯同煮，碧綠的蠶豆非常增色，還能增加米飯當中維生素的含量，完善膳食結構。

材料

蠶豆 200 克｜白米 120 克
鹹肉（或火腿）30 克

調味料

生抽 1 小匙｜鹽 1 小匙

作法

1 新鮮的蠶豆剝好，洗淨備用，這裡 200 克的分量是指剝好後的蠶豆淨重。

2 白米洗淨後，用清水浸泡 30 分鐘。鹹肉切成小丁。

3 將所有材料和調味料混合在一起攪拌均勻，加入 1：1 的清水。

4 放入電子鍋內，按煮飯開關煮熟即可。

TIPS

1 蠶豆與清水的比例不能超過 1：1，基本上淹過食材即可，否則太爛不好吃。
2 喜歡吃糯米的人，可以用適量糯米替換部分白米。

心靈與味覺的旅行

飯糰

中等　25 分鐘

特色

大餅、油條、豆漿和飯糰，被稱為上海早餐的四大金剛。飯糰在北方的早餐中並不常見，偶爾自己做一下不熟悉的食物，從開始準備一直到放入口中，就像是心靈和味覺經歷了一次短暫的旅行。

材料

白米 100 克｜糯米 50 克｜油條 1/2 根
滷蛋 1 顆

調味料

蘿蔔乾 30 克｜肉鬆 50 克｜熟花生仁適量
黑芝麻適量

作法

1 糯米提前浸泡 2 小時以上，與白米一起蒸成米飯，水量要略少於平時蒸飯。

2 花生仁、蘿蔔乾切碎，滷蛋切開成四等分。

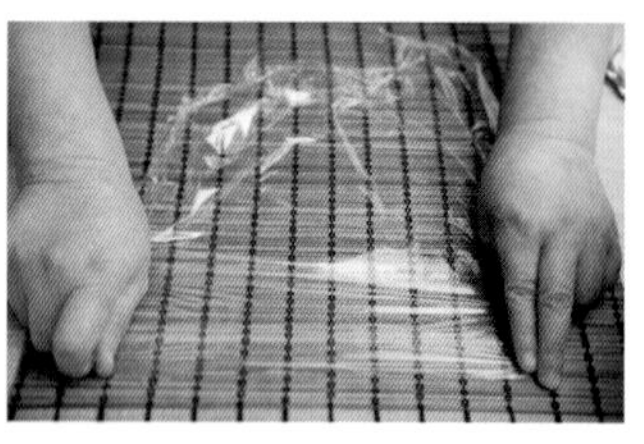

3 壽司捲簾平放，上面鋪上一張保鮮膜，撒上適量黑芝麻。

4 盛適量溫熱的米飯到保鮮膜上，攤開，輕輕壓實。米飯不用太多，能包裹全部餡料就好。

5 在米飯上撒上一層肉鬆、適量花生碎和一些蘿蔔乾碎。

6 正中央放 1/2 根油條，再將滷蛋緊靠著油條放入。

7 抓住捲簾將米飯捲起，並壓緊。去掉捲簾，將兩端的保鮮膜扭緊。食用時去除保鮮膜即可。

TIPS

飯糰除了做成鹹口味，也可以把蘿蔔乾替換成砂糖和黑芝麻粉，同時把油條烤酥脆，就變成甜飯糰。如果沒有壽司捲簾，可以用厚度適中的雜誌替代，從書背的一端開始捲就好。

脆爽有嚼勁的膳食搭配

筍丁豆干飯

特色

冬筍是冬天的時令蔬菜，富含膳食纖維和維生素，口感脆嫩，搭配有嚼勁的豆干，口感豐富，也讓米飯的營養更加均衡。

材料

冬筍 50 克｜豆干 50 克
白米 100 克

調味料

醬油 1 小匙｜植物油 1 大匙
鹽 1 小匙

TIPS

1 冬筍較易吸附味道，因此要搭配醬料預先炒香，再和米飯同煮，味道更加香濃。
2 可使用一般的豆干，也可改換為五香豆干或滷豆干。

作法

1 冬筍剝皮後洗淨，切除老的部分，將嫩的部分切成丁。

2 豆干洗淨後切成小丁。

3 鍋內倒入植物油燒熱，放入冬筍、豆干、鹽、醬油翻炒上色至香味散出，盛出備用。

4 將白米淘洗乾淨，加入 1 又 1/2 倍的清水，再將炒好的配菜拌進白米裡，攪拌均勻。放入電子鍋，使用煮飯功能煮熟即可。

作法

1 豌豆仁、白米洗淨備用。

2 紅蘿蔔洗淨後切成小丁。

3 將豌豆仁、紅蘿蔔、白米、生抽、橄欖油、鹽放入電子鍋內，攪拌均勻。

4 在鍋內加入清水，淹過食材，使用電子鍋的煮飯功能煮熟即可。

讓小朋友愛吃米飯和蔬菜

豌豆紅蘿蔔燜飯

簡單

40 分鐘

特色

這道燜米飯色彩亮麗，並且含有豐富的維生素，能有效提高小朋友的食慾。

材料

豌豆仁 50 克｜紅蘿蔔 50 克
白米 100 克

調味料

生抽 1 小匙｜橄欖油 1 小匙
鹽 1 小匙

TIPS

直接蒸煮的豌豆仁和紅蘿蔔會使米飯帶有自然、清甜的香味。但如果先將紅蘿蔔、豌豆仁用熱油、調味料炒過後再和米飯同煮也可以。

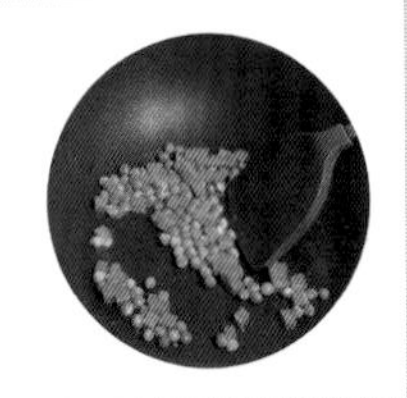

暖心暖胃

菜泡飯

簡單 20 分鐘

特色

這是江南地區流行的小吃，口味清淡，鮮香可口。可以在隔夜飯裡加入各種翠綠的蔬菜，想奢華一點可再放上鮮蝦，想做平民口味的則可放火腿、瘦肉，隨你喜歡。各種食材丟進去，熱熱鬧鬧煮上一小鍋，暖胃又暖心。

材料

油菜 3 株｜鮮蝦 10 尾｜米飯 200 克｜油豆腐 5 個

調味料

鹽 1 小匙｜薑 3 克｜白胡椒粉 1/2 小匙
香油 1 小匙｜料理酒 1 小匙

作法

1 油菜洗淨，去根，切成小段；薑去皮、切細絲；油豆腐切小塊。

2 鮮蝦開背，去頭、殼，去腸泥，洗淨。

3 蝦仁放入碗中，加入料理酒、胡椒粉抓拌均勻，醃製 15 分鐘。

4 湯鍋裡倒入米飯，加適量水，開大火煮。

5 繼續煮至快沸騰時，放入蝦仁和薑絲到泡飯中。

6 再次沸騰後加入油菜、油豆腐攪勻，煮開即可關火。

7 加入適量鹽，淋入香油，攪拌均勻即可。

TIPS

想要菜泡飯中的湯更清透、潔白，可以在蝦仁醃好後用紙巾吸乾水分。將烤酥脆的油條碎撒在菜泡飯上，成品口感更豐富。

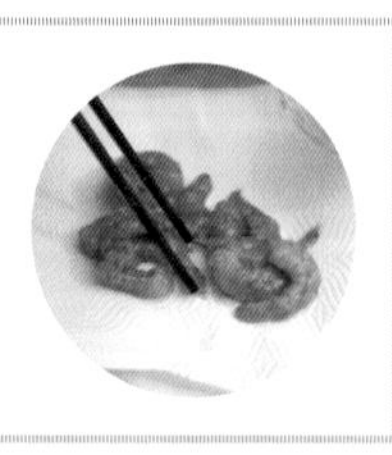

難忘兒時的味道

醬油炒飯

簡單 30 分鐘

特色

這是一道最簡單、易做，香噴噴的炒飯。小時候沒有現在這麼多的調味料，媽媽都會把吃不完的剩飯，在有限的條件下盡可能做出好吃的味道，來餵飽我這隻小饞貓。

材料

放涼的米飯 500 克

調味料

醬油 1 大匙｜植物油 1 大匙
胡椒粉少許｜細砂糖少許
細香蔥 2 根（約 20 克）

TIPS

最好使用隔夜飯，比較有嚼勁，不會因為水氣太重導致黏鍋。如果沒有隔夜飯，可以等米飯放涼後使用。

作法

1 細香蔥洗淨，蔥白切成末，蔥綠切成蔥花備用。

2 將醬油、細砂糖放入碗中攪拌均勻，調成醬汁。

3 把醬汁加入冷米飯中拌勻，再將飯粒打散，使米飯均勻裹上醬汁。

4 植物油放入鍋中燒熱，放入蔥白爆香。

5 倒入拌好醬汁的米飯，轉中小火，快速翻炒至米飯金黃、噴香，不黏鍋。

6 加入胡椒粉、蔥花，快速翻炒出香味，起鍋，裝盤即可。

聞著香味就忍不住食指大動

酸菜炒飯

中等 40 分鐘

特色

爽脆可口的酸菜配以炒出油脂噴香的豬絞肉，老遠聞著就讓人胃口大開，再搭配晶瑩剔透的米飯，越吃越想吃，吃到肚皮滾圓還停不下來。

材料

米飯 500 克｜酸菜 150 克
豬絞肉 50 克

調味料

辣椒 3 根｜蒜蓉 10 克
薑末 10 克｜鹽 1 小匙｜醬油 1 小匙
植物油 1 大匙｜蔥花適量

TIPS

1 炒飯用的米飯，比直接吃的米飯要少放一些水，才能炒出粒粒乾爽、不沾黏的效果。
2 豬絞肉可以用火腿、雞蛋等其他葷類食材替代，也可以不放。純酸菜的炒飯也非常爽口。

作法

1 米飯打散；酸菜洗淨後切成細末備用；辣椒洗淨、切碎。

2 鍋內倒入植物油燒熱，放入蒜蓉、薑末、辣椒碎炒香。

3 放入豬絞肉，快速翻炒，炒出肉香和油脂。

4 放入酸菜大火快速翻炒，炒乾水分，使酸菜看起來乾爽，有香味。

5 倒入米飯，翻炒均勻，放鹽，淋上醬油迅速翻炒，讓飯粒均勻上色。

6 撒上蔥花調色即可。

隨心所欲的搭配

蛋炒飯

中等 30 分鐘

特色

蛋炒飯的關鍵食材是雞蛋，關鍵的調味料是蔥花和醬油。除此之外，可以隨心所欲添加冰箱裡的存貨或者自己喜歡的食材，包羅萬象，是最隨和的菜式。但是要想炒得粒粒分明、口感豐富，也是極考驗基本烹飪功力的。

材料

放涼的米飯 500 克｜雞蛋 2 顆

調味料

醬油 1 小匙｜鹽 1 小匙
植物油 1 大匙｜蔥花少許

TIPS

1 用隔夜冷藏過的米飯較容易打散，如果是現蒸的米飯，水的比例要少一些，最好是用蒸籠布隔水蒸熟，然後放涼後烹調。
2 蛋炒飯可以加入一些喜歡的配菜，例如蝦仁等，但是不要過多，以免喧賓奪主。

作法

1 米飯用隔夜冷藏過的剩飯，或者新鮮煮好放涼的都可以，將米飯打散。

2 將雞蛋打入碗中，加入少許鹽，用筷子打散，攪拌均勻備用。

3 鍋內倒入植物油燒熱，放入打散的雞蛋。

4 趁蛋液沒有凝固，迅速放入米飯，攪拌均勻，快速翻炒，讓米飯均勻裹上蛋液。

5 將米飯炒出顆粒分明、互相不沾黏的狀態後，加入鹽、醬油翻炒至香味散出。

6 撒上蔥花，翻炒均勻即可。

酸甜多汁很開胃

茄汁炒飯

中等 40 分鐘

特色

噴香的蛋炒飯中，加入了酸酸甜甜的番茄，讓味蕾瞬間精神奕奕。

材料

米飯 500 克｜番茄 300 克
雞蛋 1 顆｜紅蘿蔔 50 克

調味料

鹽 1 小匙｜生抽 1 小匙
番茄醬 1 小匙｜植物油 1 大匙
蔥花少許

TIPS

加入番茄醬，能使番茄湯汁的味道更為濃郁，如果沒有也可以不放入。

作法

1 劃開番茄表皮，放入滾水中煮 1 分鐘，至番茄皮爆開。

2 撕除番茄表皮，切成丁；紅蘿蔔洗淨，去皮，切末。

3 蛋打入碗中，加入少許鹽，打散，再倒入打散的米飯中拌勻，使每一顆飯粒都能裹上蛋液。

4 鍋內放入一半分量的植物油燒熱，放入番茄丁、紅蘿蔔末，快速翻炒後轉中火，放入鹽、番茄醬炒至出汁，盛出備用。

5 鍋內放入剩下一半的植物油燒熱，倒入裹好蛋液的飯粒，迅速翻炒至蛋花凝結，溢出香味。

6 繼續放入炒好的番茄配菜，翻炒，淋上生抽，翻炒均勻，使米飯均勻散開，撒上蔥花即可。

懶人的快手炒飯

雜蔬糙米炒飯

簡單 20 分鐘

特色

提前一晚燜一鍋糙米飯，第二天和營養新鮮的雜蔬一起炒，能當飯又能吃菜，很省事！

材料

糙米飯 300 克｜紫色洋蔥 1 個
紅蘿蔔 1 根｜香芹 1 根

調味料

香蔥 1 根｜鹽 1/2 小匙
雞粉 1/2 小匙｜植物油適量

TIPS

糙米飯的口感偏硬，炒飯前可以在米飯上撒上一些水，再使用飯匙將其攪拌鬆散，炒出來的米飯口感更好。

作法

1 香蔥用清水洗淨，切末備用。

2 洋蔥、紅蘿蔔分別去皮、切丁；香芹洗淨後去掉莖上的葉子，切丁備用。

3 鍋中倒入植物油，燒至七分熱，爆香香蔥末。

4 倒入糙米飯，中小火反覆翻炒至米飯鬆散。

5 放入洋蔥丁、紅蘿蔔丁、芹菜丁，煸炒至蔬菜丁表面微微焦黃。

6 最後放入鹽、雞粉，翻炒均勻即可。

清香的暖胃小粥

蔬菜粥

簡單

90 分鐘

特色

基礎的白米粥底，配上新鮮清甜的菜薹，簡單、好看、暖胃。

材料

白米 100 克｜菜薹 100 克

調味料

鹽適量

TIPS

菜薹可以用生菜葉、枸杞葉、青花菜等自己喜歡的蔬菜代替。

作法

1 白米洗淨後，用清水浸泡 30 分鐘；菜薹洗淨，切小段。

2 鍋內倒入清水燒開，倒入白米，大火煮沸，轉小火熬煮 40 分鐘。

3 加入菜薹熬煮 5 分鐘，期間用杓子攪拌，以免黏鍋。

4 關火，撒上鹽調味，攪拌均勻即可。

特色

蝦米鹹香，嚼之回味無窮，熬成粥後軟爛可口，含有大量的鈣質，是老人和小孩補鈣很好的選擇。

鹹香暖胃的補鈣高手

蝦米粥

中等

100 分鐘

材料

蝦米（或蝦仁）30 克
白米 100 克

調味料

老薑 10 克｜細香蔥適量
鹽適量

作法

1 蝦米用清水洗淨，溫水浸泡約 30 分鐘至軟。白米洗淨，用清水浸泡 30 分鐘。

2 老薑洗淨後削皮，切絲；細香蔥洗淨，切碎備用。

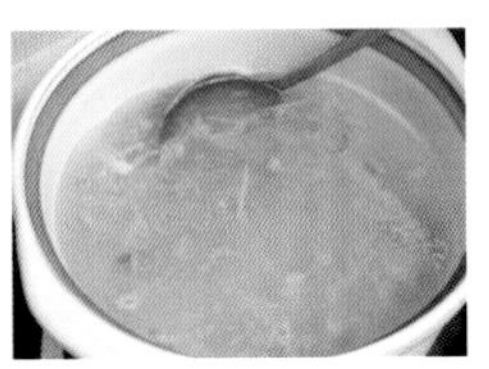

3 砂鍋加入清水燒開，加入蝦米、薑絲、白米熬煮，期間用杓子攪拌以免黏鍋。

4 轉小火熬煮 60 分鐘至粥汁黏稠。

5 關火，撒上蔥末、鹽調味，蓋上鍋蓋燜 5 分鐘即可。

TIPS

購買蝦米的時候，選擇顏色發黃或者淺紅色的，嚼之鮮美帶點甘甜口感的，則是新鮮上好的蝦米。

鹹粥的代表

皮蛋瘦肉粥

中等　120 分鐘

特色

皮蛋獨特的香氣和彈牙的口感，搭配略有嚼勁的瘦肉，鹹香濃郁，是一款家常、經典、好喝的粥。

TIPS

根據個人喜好，豬肉切絲、切薄片都可以。

材料

白米 100 克｜皮蛋 2 顆｜豬里肌肉 100 克

調味料

鹽、白胡椒粉各適量｜蔥花少許

作法

1 白米洗淨後，用清水浸泡 60 分鐘。

2 皮蛋去殼、切丁；豬里肌肉洗淨後切成絲。

3 鍋內倒入清水，大火燒開，加入白米，轉小火熬煮 20 分鐘。

4 加入豬肉絲、皮蛋，小火繼續熬煮 20 分鐘。

5 加入鹽、白胡椒粉，攪勻，關火。

6 撒上蔥花即可。

清甜潤肺、香軟柔滑

百合雪梨粥

中等 50 分鐘

特色

雪梨、百合都是清熱潤肺的食材，雪梨的脆爽清甜搭配百合的軟滑口感，經過熬煮，全部融合到糯米的濃稠粥底當中，口感如同甜品一般，是秋冬滋補養生的好粥。

材料

糯米 50 克｜新鮮百合 2 朵
雪梨 1 個

調味料

冰糖 20 克

TIPS

如果沒有新鮮百合，可以用乾百合替代，10 克左右即可，預先用清水浸泡至軟。

作法

1 糯米洗淨後，提前用清水浸泡 2 小時。

2 百合洗淨，掰開；雪梨削皮、去核，切成小塊。

3 鍋內倒入清水燒開，放入糯米，大火煮沸，轉小火熬煮 20 分鐘。

4 加入百合、雪梨、冰糖，繼續熬煮 20 分鐘。

5 期間用杓子攪拌，以免黏鍋。

6 煮至粥汁濃稠、百合和雪梨的清香融入粥中即可。

進階

用風雅解油膩

五穀臘肉煲仔飯

中等

50 分鐘

作法

1 沸水中加入 1 小撮茶葉泡開。

2 香腸切薄片，菜薹洗淨。

3 五穀洗淨後，加入香腸，倒入茶湯，加入鹽，攪拌均勻，放入電子鍋正常煮飯。

4 米飯熟後，打開蓋子，放入菜薹，燜 5 分鐘即可。

特色

五種不同種類的粗糧給腸胃帶來飽足感，搭配的青菜則平衡了膳食營養，使用茶湯替代清水，不但解膩還能補充多種微量元素。用茶湯煮出的米飯，香氣四溢，再配上嚼勁十足、回味無窮的香腸，是一道風雅、好吃、有創意的主食。

材料

糙米 30 克｜藜麥 30 克
白米 30 克｜黑米 25 克
玉米粒 25 克｜香腸 50 克
菜薹 100 克｜茶葉 1 小撮

調味料

鹽 1/2 小匙

TIPS

1 茶葉不限品種，綠茶、紅茶、烏龍茶都可以。
2 用茶湯代替清水煮飯，會有獨特的清香。

五彩繽紛、營養均衡的經典炒飯

揚州炒飯

中等

40 分鐘

特色

和普通蛋炒飯不同的是，揚州炒飯的食材更豐富多彩，不管在營養還是色彩的搭配上都更加完美，也是不愛吃米飯的小朋友更好的選擇。

材料

米飯 500 克｜雞蛋 2 顆
火腿 20 克｜蝦仁 30 克
豌豆仁 20 克｜紅蘿蔔 20 克
玉米粒 20 克

調味料

鹽 1 小匙｜植物油 1 大匙
料理酒 1 小匙｜胡椒粉少許
蔥末少許

作法

1 蝦仁用料理酒醃製 10 分鐘，瀝乾水分備用。

2 紅蘿蔔、火腿洗淨後切成細丁；米飯放涼後打散。

3 雞蛋打入碗內，加少許鹽、蔥末攪打均勻。

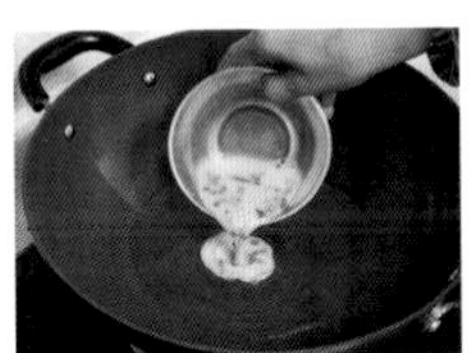

4 鍋內倒入植物油燒熱，再倒入蛋液迅速滑散。

5 加入豌豆仁、紅蘿蔔、玉米粒、火腿丁、蝦仁，迅速翻炒均勻。

6 倒入米飯翻炒均勻，使飯粒均勻裹上蛋液。

7 放鹽、胡椒粉翻炒均勻，炒至米飯色澤金黃、味道香濃即可。

TIPS

揚州炒飯最好做到用雞蛋的金黃自然上色，也可以加入少許生抽調色。

小朋友都愛吃的米飯

中式壽司

高級 40 分鐘

材料

糯米 100 克｜黃瓜 1 條
火腿 1 條｜肉鬆 20 克
海苔片 2 張

調味料

鹽 1/2 小匙｜米醋 1/2 小匙
細砂糖 1 小匙

TIPS

1 可以在壽司中加入芝麻等自己喜歡的食材。
2 中間包裹的食材裡，可以放入甜酸蘿蔔之類的食材進行調味。
3 可以在糯米飯上淋沙拉醬、番茄醬、千島醬之類的醬汁進行調味。

作法

1 糯米洗淨後，提前浸泡 2 小時，或者提前一夜浸泡。

2 蒸鍋內水燒開，在蒸鍋上鋪上蒸籠布，將糯米均勻攤在蒸籠布上，隔水蒸約 25 分鐘至糯米熟透，盛入盆中，打散放涼備用。

3 黃瓜洗淨、削皮，切成長條；火腿切成長條。

4 雙手用涼開水打溼，以免黏手，將放涼的糯米飯加入米醋、鹽、細砂糖，輕輕攪拌均勻備用。

5 取一張完整的方形海苔片，鋪在壽司竹簾上，取出一半糯米飯，均勻平鋪在海苔上。

6 將黃瓜條、火腿條集中放在糯米飯中間，撒上肉鬆。

7 將壽司竹簾從下往上用力捲緊。

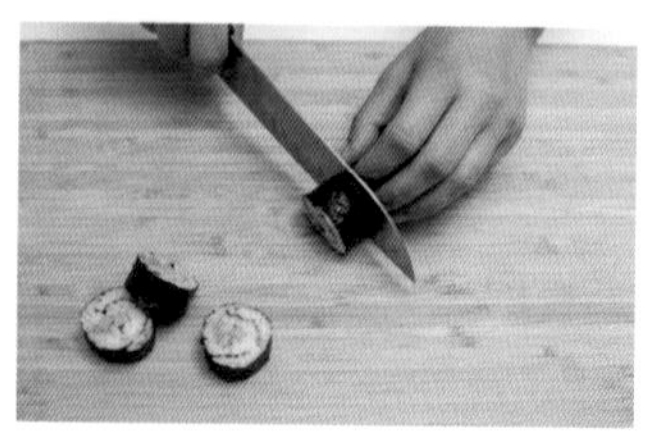

8 餘下的食材也照步驟操作，都做成飯捲，再用刀切成圓筒狀，擺盤即可。

特色

蒸出來的糯米，香 Q 有嚼勁，可以包裹一切你鍾愛的食材。切成圓筒狀不但擺盤好看，也更方便入口。因為包裹食材的靈活多樣性，也給了挑食的小朋友很多選擇，讓孩子們也愛上吃米飯。

簡單易做、好吃開胃

梅乾菜包飯糰

中等

80 分鐘

特色

梅乾菜又叫「霉乾菜」，是一道歷史悠久的名菜，各地的菜乾原料不盡相同，但都以綠葉青菜為主，例如「雪裡紅」、「大頭菜」、「芥菜」等，經過晾晒加工製成。梅乾菜獨特的鹹香味和清爽的口感，搭配米飯做成飯糰，極有飽足感，而且好吃到停不下來。

材料

白米 200 克｜梅乾菜 30 克

調味料

植物油適量

作法

1 梅乾菜用溫水浸泡 1 小時至變軟。

2 梅乾菜瀝乾水分，切成碎末。

3 浸泡梅乾菜的同時，將白米放入蒸鍋中，隔水蒸熟。

4 鍋內燒熱，倒入植物油燒至八分熱，放入梅乾菜，炒香。

5 將米飯和梅乾菜混合均勻。雙手沾上一些冷開水，以免飯糰黏手。

6 將混勻的菜飯依自己喜好捏成合適大小和形狀的飯糰即可。

TIPS

1 梅乾菜含有鹽分，因此不需要額外放鹽。
2 一定要用力捏緊飯糰，以免散開，可以包著保鮮膜壓製緊實。

02

Chapter

麵條、河粉類

基礎

學會的第一道麵食

蔥花雞蛋清湯麵

簡單　20 分鐘

材料

麵條 150 克 | 雞蛋 1 顆

調味料

醬油 1 小匙 | 香油 1 小匙 | 鹽 1 小匙
蔥花少許 | 胡椒粉少許

作法

1 鍋內加入清水燒開，放入一半的鹽。

2 鍋內打入一顆完整的雞蛋，不要攪動，讓其自然凝固。

3 2 分鐘後，在麵湯內放入麵條，轉中火煮 5 分鐘，至麵條熟透但有嚼勁。

4 準備一個湯碗，放入醬油、香油、剩下的鹽。

5 將煮好麵條的麵湯倒入碗中，和調味料攪拌均勻。

6 將煮好的麵條和蛋撈入碗中，再倒入作法 5 拌勻的麵湯，撒上蔥花、胡椒粉即可。

TIPS

1 柔韌的新鮮麵條有市售成品，在菜市場、超市等均可買到。
2 根據麵條的粗細不同，煮麵的時間略有不同，以麵條有彈性、有嚼勁但熟透為準。
3 根據個人的口感調整煮雞蛋的時間，煮 3 分鐘左右，蛋黃是稍微可以流動的溏心蛋，久煮便更為凝固。

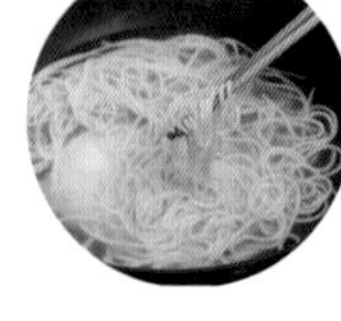

特色

碧綠的蔥花、金黃的雞蛋、清澈的麵湯，是極簡又能獲取能量所需的色香味俱全主食，也是童年記憶中吃得最多的麵食。有回憶有溫暖，精神和身體都獲得了雙重滿足。

蘇式湯麵的代表

雪菜肉絲麵

中等 30 分鐘

特色

新鮮的雪菜清甜爽脆，會給整碗麵帶來絲絲甜味，而醃製過的雪菜有一點微酸，加點醋吃更加酸爽。

材料

醃製雪裡紅 80 克｜瘦豬肉 50 克
麵條 150 克

調味料

生抽 1 小匙｜鹽 1 小匙｜植物油 1 大匙
蒜蓉 1 小匙｜薑末 1 小匙｜醬油少許

作法

1 雪裡紅用清水淘洗兩遍，擠乾水分，切成小段備用。

2 豬肉切成細條，越細越好。

3 鍋內倒入植物油燒熱，倒入薑末、蒜蓉爆香。

4 加入瘦肉條，大火翻炒至香味出來，沿著鍋邊淋入少許醬油上色。

5 放入雪裡紅，翻炒至熟後，盛出備用。

6 鍋內倒入足量清水，大火燒開後放入麵條、鹽，並將麵條攪散，以免煮熟後黏成一團，轉中火煮約 3 分鐘至麵條熟透。

7 撈起煮好的麵條，放入湯碗中，加入麵湯（淹過麵條），淋上生抽攪拌均勻。

8 將炒好的雪裡紅配料擺放在麵條上即可。

TIPS

1 如果有豬骨湯替代麵湯，會更為營養美味。
2 醃製好的雪裡紅有鹽分，因此在炒菜的過程中不要再加入鹽。

西北美食

農家燴蕎麵

簡單　20 分鐘

材料

蕎麥麵 200 克 | 番茄 2 個 | 杏鮑菇 1 根
香芹 1 根

調味料

香蔥 1 根 | 鹽 1/2 小匙 | 雞粉 1/2 小匙
生抽 1 大匙 | 植物油適量

作法

1 番茄、杏鮑菇分別洗淨、切丁；香蔥洗淨、切末；香芹洗淨後去除莖上的葉子，切丁備用。

2 鍋中放入適量清水煮沸，將蕎麥麵放入水中煮熟後撈出。

3 將煮熟的蕎麥麵反覆過冷水，瀝乾水分後備用。

4 鍋中倒入油，燒至七分熱，爆香香蔥末。

5 放入番茄丁，中火翻炒至番茄的汁水充分滲出。

6 放入杏鮑菇丁、芹菜丁，反覆煸炒 2 分鐘。

7 放入瀝乾的蕎麥麵，反覆翻炒，儘量使每根麵條都均勻裹上番茄的汁水。

8 最後加入鹽、雞粉、生抽，炒勻即可。

TIPS

番茄應挑選質地較軟的，更容易炒出湯汁。也可以添加少許番茄醬，味道更佳。

特色

蕎麥麵是西北地方的傳統美食，條細筋韌，清香爽口。結合新疆燴麵片的靈感，隨便拿一把蕎麥麵和幾種蔬菜搭配，就變出了新花樣，一頓飯就這麼搞定了。

清淡爽口的暖胃湯麵

陽春麵

簡單

20 分鐘

特色

簡單到毫無花樣的湯麵，還原了麵食最原始的口感。清淡爽口的麵湯配上滑順有嚼勁的麵條，最適合撫慰餓腸轆轆的腸胃，一口下去，能得到最大的滿足。

材料

細麵條 100 克

調味料

豬油 5 克 | 鹽 1/2 小匙
醬油 1 小匙 | 蔥花少許
雞粉少許

TIPS

1 可用豬骨湯、雞湯等替代麵湯作為湯底。

2 陽春麵一定要用豬油，如果沒有豬油，用肥豬肉臨時炸一些也可以。

作法

1 細麵條放入滾水中，中小火煮 3 分鐘左右至熟。

2 將鹽、豬油、醬油、蔥花、雞粉放入湯碗中。

3 麵湯沖入湯碗中，將調味料攪拌均勻做成湯底。

4 煮好的麵條撈出，放入湯碗中即可。

蒸麵條

香濃有嚼勁、簡單易做

特色

蒸熟的麵條加上配菜或者醬料，或拌或炒，達到麵條入味又保持 Q 彈的口感。

材料

新鮮的細麵條 300 克

調味料

辣椒醬 1 大匙｜植物油 1 小匙
蔥花適量｜鹽 1 小匙

作法

1 將新鮮的細麵條打散，放入植物油、鹽，拌勻。

2 蒸鍋內放入清水燒開，將打散的細麵條放入蒸鍋，大火蒸 20 分鐘。

3 蒸好的麵條放入盆中，儘量攪散，不要讓麵條沾黏在一起，影響口感。

4 放入辣椒醬攪拌均勻，撒上蔥花即可。

TIPS

1 在菜市場購買新鮮的細麵條。粗麵條難蒸熟，而且不易入味。
2 可以加入一些自己喜歡的蔬菜，例如黃瓜絲、紅蘿蔔絲、豆芽菜等，一起攪拌或炒製。

暖心暖胃的家常味道

大滷麵

中等　50 分鐘

材料

麵條 100 克｜小油菜 50 克｜香菇 50 克
乾木耳 5 克｜乾金針 5 克｜雞蛋 1 顆

調味料

麵粉 2 大匙｜生抽 1 大匙｜老抽 1 大匙
鹽 2 克｜食用油 30 克｜小蔥 2 根｜八角 1 瓣
生薑 1 小塊｜雞粉 2 克

作法

1 提前將乾木耳、乾金針浸泡柔軟後洗淨，與香菇一併切成細絲。

2 小油菜洗淨；小蔥洗淨、切末；生薑洗淨，切末。

3 麵粉用清水拌匀成麵粉水；雞蛋打入碗中，用筷子順著一個方向攪拌均匀成蛋液。

4 起鍋倒入油，燒至六分熱，放入生薑、八角，用小火炒香後，夾出八角丟棄。

5 將香菇、木耳、金針放進鍋中，改用大火炒熟後，加入一碗開水、老抽、生抽、鹽、雞粉進行調味。

6 將蛋液沿著鍋邊緩慢倒入鍋中，等蛋花形成時，用麵粉水勾芡，大滷就做好了。

7 另起鍋倒入清水燒開，放入麵條煮熟，撈起裝進碗中，碗中再放入氽燙好的小油菜。

8 將做好的大滷均勻的淋在麵條上，最後撒上蔥末即可。

TIPS

這道主食的重點在於大滷的製作，勾芡時要注意厚薄，一邊加入麵粉水一邊要不停攪動，勾的芡才會均勻。

特色

除了鮮美的香菇，還加入了爽口的蔬菜，漂散的蛋花，是讓人一看就暖心的家常麵。

清爽有嚼勁，回味無窮

老北京炸醬麵

中等 50 分鐘

材料

乾黃醬 200 克
豬五花肉 250 克 | 麵條 150 克

調味料

薑末 15 克 | 植物油 2 大匙
細砂糖 1 小匙 | 蔥花適量

配菜

黃瓜絲、紅蘿蔔絲、煮好的黃豆、芹菜末各適量

TIPS

1 炸醬一次可以多做一些，密封後放入冰箱冷藏，每次用的時候舀一杓就好，很方便。
2 配菜可以選用自己喜歡的食材種類，除了食譜所提到的，還有香菜、豆芽、白蘿蔔絲、甚至豆腐乾、炒雞蛋或者花生碎都可以。
3 喜歡吃辣的人，可以在熬醬的時候加入小米椒，或者辣椒油、辣椒粉、花椒油等。

作法

1 乾黃醬倒入大碗中，加 4 倍的清水稀釋，攪勻備用；五花肉切成小丁。

2 鍋內倒入植物油燒熱，放入薑末炒香，放入五花肉丁，轉中小火，炒至五花肉變色出油。

3 倒入稀釋好的乾黃醬汁，不停攪拌，以免黏鍋，熬至醬汁起泡黏稠。

4 加入細砂糖攪拌均勻，撒上蔥花，炸醬製作完成。

5 鍋裡清水燒開，放入麵條，攪散，中小火煮 3 分鐘左右至熟。

6 撈出煮好的麵條過冷水一遍，瀝乾，加入做好的炸醬和各色配菜搭配即可。

特色

炸出小油泡的肉丁裹著濃郁的醬香，配著清香爽脆的各色時令蔬菜，拌上Q勁十足的麵條，吃一口真是過癮，難怪這道炸醬麵會成為北京飲食的代表之一。

最簡單的海派麵食

蔥油拌麵

中等 30 分鐘

特色

這碗麵看似平淡無奇，卻有著濃郁的蔥香味，即使隔了 10 公尺也能引人垂涎。這是一碗極簡，但要做到味香好吃也要些功夫的小麵。

材料

香蔥 50 克｜麵條 150 克

調味料

鹽 1 小匙｜植物油 3 大匙
醬油 2 小匙｜細砂糖 1 小匙

TIPS

1 熬蔥油一定要使用小火，務必緊盯火候，不能把蔥段炸黑了。
2 根據自己的需要添加蔥油到麵條裡攪拌均勻，餘下的蔥油密封起來放到冰箱保存，每次做蔥油麵的時候加入即可，非常方便，不必每次現做。

作法

1 鍋內清水燒開，放入麵條，用筷子將麵條攪散，放入鹽，煮 3 分鐘。

2 撈出煮好的麵條，過一次冷水，瀝乾水分，放入湯碗中備用。

3 香蔥洗淨後，去掉蔥鬚，切成段，瀝乾水分備用。

4 鍋內倒入植物油燒熱，放入蔥段，轉中小火慢慢煎炸至變黃後轉小火，將蔥炸至焦黃酥脆，關火，撈出炸好的蔥段備用。

5 在鍋內的蔥油中，加入醬油、細砂糖，攪拌均勻，繼續用小火煮 2 分鐘。

6 舀一杓熬好的蔥油，澆淋至湯碗中的麵條上攪拌均勻，放入熬蔥油取出的蔥段作為點綴即可。

香辣火熱的開胃小麵

紅油拌麵

中等 30分鐘

特色

紅通通的辣椒油均勻的裹在每一根麵條上，香辣有嚼勁，越吃越開胃。

材料

麵條 150 克 | 辣椒油 1 大匙

調味料

鹽 1 小匙 | 生抽 1 大匙
蒜蓉 1 小匙 | 白胡椒粉少許
香醋少許 | 蔥花少許
炒熟花生米適量

TIPS

1 辣椒油有市售成品出售。
2 最後撒上花生碎是為了增添香脆的風味，用的是炒熟的花生米，也可以用乾黃豆替代，一樣好吃。
3 香醋是為了增加麵條的鮮香，提味用的，如果不喜歡也可以不加。

作法

1 麵條放入滾水中，加入鹽，攪散麵條，煮 3 分鐘左右。

2 撈出煮好的麵條，過冷水，瀝乾水分備用。

3 將生抽、蒜蓉、香醋、辣椒油放到一個碗中，攪拌均勻成醬汁。

4 花生米拍碎備用。

5 將調好的醬汁淋到已經放涼的冷麵上，攪拌均勻。

6 在拌好的麵條上撒上花生碎、蔥花和白胡椒粉即可。

好看好吃的清爽主食

三絲拌麵

中等 40 分鐘

特色

這是清爽可口、色澤明亮的一道麵食，可以選擇自己喜歡的瓜果蔬菜切成絲狀來搭配麵條，補充豐富的維生素和膳食纖維，營養全面、好吸收。

材料

雞蛋 1 顆｜黃瓜 1/2 條
豆皮 50 克｜麵條 100 克

調味料

植物油 1 小匙｜鹽 2 克
生抽 1 大匙｜辣椒油 1 大匙
香醋少許｜蔥花少許
雞粉少許

TIPS

1 豆皮絲可以用火腿切絲代替。
2 不吃辣的人可不放辣椒油，請根據個人口味調整調味料用量。

作法

1 麵條放入滾水中煮熟，撈出過冷水，瀝乾備用。

2 雞蛋打入碗中，用筷子用力打散成蛋液；黃瓜洗淨，削皮，切成細絲。

3 鍋內倒入植物油燒熱，倒入蛋液，轉中小火，攤成蛋皮，切成絲備用。

4 豆皮放入滾水中汆燙約 2 分鐘，撈出瀝乾水分，切成絲備用。

5 將雞蛋絲、黃瓜絲和豆皮絲放入一個大盆中，加入剩餘的調味料，攪拌均勻。

6 放入瀝乾水分的麵條一起攪拌均勻即可。

川香好味道

雞絲涼麵

中等　20 分鐘

材料

麵條 200 克 | 雞胸肉 100 克 | 綠豆芽 100 克
小油菜 100 克

調味料

雞粉 1 小匙 | 菜籽油 30 克 | 鹽 2 克
花椒粉 1 小匙 | 辣椒油 1 大匙 | 蒜頭 3 瓣
蔥 2 根 | 生薑 1 小塊 | 料理酒 1 小匙
生抽 1 大匙 | 細砂糖 1 大匙

作法

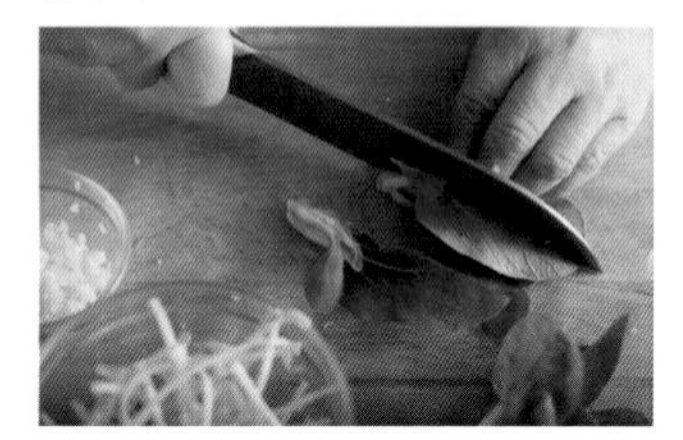

1 蒜頭去皮洗淨，切成末；綠豆芽洗淨；小油菜洗淨，切成段；蔥洗淨，切成蔥花。

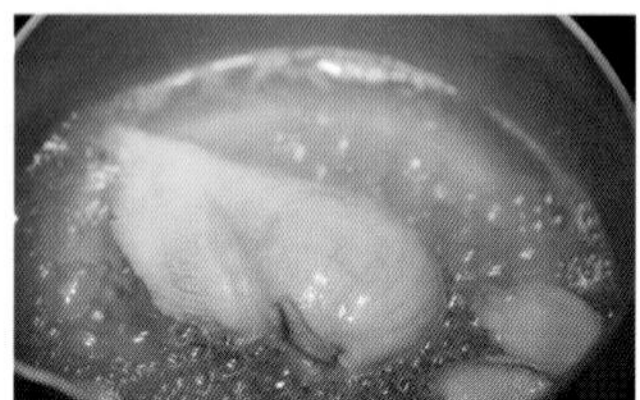

2 雞胸肉洗淨，放入清水鍋中，加入料理酒、切成片的生薑，大火燒開，撈除浮沫，煮至熟透，撈出放入冷開水中備用。

3 雞肉撈出，瀝乾水分，用手順著雞肉的紋路撕成細絲。豆芽和小油菜煮熟備用。

4 準備一個寬大的盤子，放入 30 克菜籽油，並準備一盆冷開水。

5 起鍋倒入清水，大火燒開，放入麵條煮熟，用筷子立即撈出，放在事先備好的冷開水中過涼。

6 撈出麵條瀝乾水分，放入盛有菜籽油的盤子裡，讓菜籽油均勻包裹麵條表面。

7 取大碗，將豆芽、油菜鋪在碗內，再將瀝乾油的涼麵放入，最後將雞肉絲放在涼麵上。

8 加入鹽、花椒粉、雞粉、辣椒油、蒜末、蔥花、生抽、細砂糖，拌勻即可食用。

TIPS

麵條要選擇稍寬一點的，煮製後不會太軟，也就不會結成一團。雞胸肉易熟，所以不可以久煮，用冷水過一下能保持其細嫩口感。

特色

這道雞絲涼麵屬於川系口味，麻辣鮮香，雞肉柔韌，
配菜清脆，讓人回味無窮。

酸甜可口，讓人食慾大開

番茄雞蛋炒麵

中等 30 分鐘

特色

番茄雞蛋是百搭的配料，酸甜可口，顏色討喜，看著就讓人食慾大開。麵條裹上濃稠的湯汁，每一口都香濃有味。

材料

番茄 1 個 | 雞蛋 1 顆 | 麵條 150 克

調味料

植物油 10 cc | 生抽 1 小匙 | 鹽 1 小匙
蔥花少許

TIPS

喜歡番茄味道更濃郁一些的，可以在作法 5 燜煮的過程中，加入適量的番茄醬。

作法

1 麵條用滾水煮熟，撈出過冷水，瀝乾備用。

2 番茄洗淨，切成滾刀塊；雞蛋打入碗中，用筷子打散。

3 鍋內倒入植物油燒熱，放入蛋液，翻炒至凝固。

4 加入番茄塊，繼續翻炒至番茄出汁。

5 加入清水，淹過番茄雞蛋，小火燜煮幾分鐘至湯汁濃稠。

6 加入麵條翻炒均勻，沿鍋邊淋入生抽，撒上鹽翻炒至麵條和番茄雞蛋融合，撒上蔥花即可。

清爽解膩，讓腸胃無負擔

雞蛋高麗菜炒麵

中等 30 分鐘

特色

高麗菜清甜爽脆，配上香嫩柔滑的雞蛋，能同時攝取蛋白質和膳食纖維，是一道營養豐富的家常麵食。

TIPS

炒雞蛋的時候加入少許香醋，可以增加雞蛋的鮮美。

材料

高麗菜 300 克｜雞蛋 1 顆
麵條 150 克

調味料

植物油 2 小匙｜鹽 1 小匙｜生抽 1 小匙
香醋少許｜醬油少許

作法

1 麵條放入滾水中，加入 1/2 小匙的鹽，煮熟，撈出過冷水，瀝乾備用。

2 高麗菜洗淨撕成片（用刀切成大塊亦可）；雞蛋打入碗中，加入少許鹽，用筷子拌勻。

3 鍋內倒入 1 小匙植物油燒熱，放入蛋液迅速炒至凝固，淋上少許香醋炒勻，盛出備用。

4 鍋內倒入 1 小匙植物油燒熱，放入高麗菜、1/2 小匙鹽，大火炒軟。

5 加入炒好的雞蛋，翻炒均勻，沿著鍋邊淋上生抽。

6 加入麵條翻炒均勻，淋入少許醬油炒至麵條均勻上色，使其與高麗菜雞蛋的香味融合即可。

最能清空冰箱存貨的家常麵食

炒麵片

中等　90 分鐘

特色

這是極家常的一道炒麵食，口味根據不同的配菜靈活多變。麵片有嚼勁，容易入味。打開冰箱看看有什麼剩餘的蔬菜，拿出來炒了，各有風味。

材料

麵粉 200 克｜紫洋蔥 100 克
馬鈴薯 100 克｜番茄 100 克
中國南瓜 100 克｜青椒 100 克

調味料

鹽 1 小匙｜植物油 1 大匙
蒜蓉 1 小匙

TIPS

1 可以適當加入一些肉類，例如羊肉片、牛肉片。
2 同樣的方法，適用於寬麵條，可做成炒麵。

作法

1 麵粉加入清水和成光滑的麵團，放入盆中，蓋上保鮮膜，發酵 1 小時。

2 紫洋蔥、馬鈴薯、番茄、中國南瓜、青椒洗淨，切片備用。

3 麵團擀薄，切成方塊狀，放入滾水中煮 2～3 分鐘至八分熟。

4 撈出麵片過冷水，瀝乾水分，淋入一些植物油攪拌均勻。

5 鍋內倒入植物油燒熱，放入作法 2 備好的蔬菜料，加入鹽，翻炒出香味，加入適量清水，燜煮至熟且湯汁濃稠。

6 倒入麵片，翻炒，加入蒜蓉，炒至麵片入味、顏色均勻，即可起鍋。

記憶中的味道

疙瘩湯

中等　20 分鐘

材料

麵粉 150 克 | 番茄 1 個 | 雞蛋 1 顆 | 油菜 1 棵
蔥 5 克

調味料

白胡椒粉 1/2 小匙 | 雞粉 1 小匙 | 番茄醬 1 大匙
香油 1 小匙 | 鹽 2 小匙 | 植物油適量

TIPS

最後放入疙瘩湯中的油菜，是為了增加疙瘩湯的口感及顏色。除了油菜之外，任何易熟的綠色蔬菜都可以。

作法

1 用小刀在番茄頂端劃開一個十字切口，然後放進沸水裡汆燙 30 秒，把皮剝下來。

2 番茄去蒂，切成比較薄的小塊；蔥切碎成蔥花；油菜洗淨，切成小粒。

3 中火加熱炒鍋，鍋中放油，油熱後下蔥花爆香，再放入番茄炒軟，炒出紅油。

4 加入雞粉和番茄醬，炒勻，再加入適量清水，轉大火煮開。

5 麵粉中加入少許水，用筷子攪拌，直到水被吸收，麵粉凝結成麵疙瘩。（重複此步驟直到沒有乾粉。）

6 炒鍋中的湯水沸騰後將麵疙瘩放入湯中，邊放邊用湯杓攪拌，防止麵疙瘩黏在一起。

7 大火燒開後轉中火煮到麵疙瘩漂起來，轉小火，以畫圓方式淋入打散的蛋液，先不要攪拌。

8 雞蛋凝固後加入鹽、白胡椒粉、香油和油菜，拌勻煮熟即可。

特色

當各種山珍海味都吃膩的時候，最容易想念小時候媽媽做的那一碗舒心的疙瘩湯。媽媽的拿手菜似乎都不複雜，但因為包含了媽媽的調味習慣，使每個人記憶中的味道才顯得那麼獨特而珍貴。

酸香濃郁、勁道彈牙

番茄醬拌意麵

中等
30 分鐘

特色

番茄和意麵一直是完美的搭檔，意麵完全吸收了番茄的酸甜，配上洋蔥爆香後的微微香辣，勁道彈牙，酸辣香濃，充斥於口舌之間，越吃越開胃。

材料

番茄 1 個（約 300 克）
紫洋蔥 1/4 個｜意麵 200 克

調味料

鹽 1 小匙｜乾羅勒 1 小匙
番茄醬 1 小匙｜植物油 1 大匙
黑胡椒粉少許

作法

1 鍋內倒入清水燒開，放入意麵，轉中火煮 10 分鐘左右，盛入盤中。

2 在煮好的意麵中撒上乾羅勒，攪拌均勻，整齊堆捲在餐盤中備用。

3 在番茄表面劃幾道刀口，割破番茄皮的深度即可。

4 鍋內倒入清水燒開，放入番茄，汆燙 1 分鐘至番茄皮捲起。

5 撈出番茄，撕除皮，切成小丁；紫洋蔥切成碎末。

6 鍋內倒油燒熱，放入洋蔥碎炒香，加入番茄丁、番茄醬、鹽炒勻，加少量清水，中火燜煮至湯汁濃稠。

7 將炒好的番茄醬擺放在意麵旁，撒上黑胡椒粉，吃的時候攪拌均勻即可。

TIPS

乾羅勒是一種香料，可以增添意麵的異國風味。

特色

這是一道街頭巷尾隨處可尋的炒製主食。軟Q彈爽的河粉搭配脆嫩可口的豆芽和金黃香嫩的雞蛋，在醬油等調味料的烹炒下完全釋放出味道，香氣遠遠飄來，讓人食指大動。

材料

河粉 200 克｜豆芽 100 克
雞蛋 1 顆

調味料

植物油 1 大匙｜鹽 1 小匙
醬油 1 小匙｜料理酒 1 小匙
香醋、蔥花各少許

作法

1 豆芽洗淨後，瀝乾水分備用。

2 河粉過水洗淨，打散，瀝乾水分備用。

3 雞蛋打入碗中，用筷子打散成蛋液。

4 鍋內倒入植物油燒熱，倒入蛋液，淋上少許香醋翻炒均勻。放入豆芽翻炒至變軟，放入河粉、鹽，翻炒 1 分鐘。

5 沿著鍋邊淋入醬油、料理酒，大火猛炒 3 分鐘，至河粉和配菜均勻融合，撒上蔥花即可。

TIPS

1 沿著鍋邊淋醬汁，可以利用醬料瞬間接觸高溫所產生的香氣，形成我們俗稱的「鍋氣」，是特別香的一種烹飪方式。
2 可以用其他喜歡的蔬菜替換豆芽，例如菜薹、黃瓜絲、紅蘿蔔絲等。
3 喜歡吃辣椒的人，可以在作法 5 撒上辣椒粉，或者吃的時候用辣椒醬調味。

鮮甜香濃又暖胃

筒骨湯河粉

中等 60 分鐘

特色

香濃的豬骨湯底是好湯河粉的基礎，里肌肉鮮嫩略帶甜味，配上生菜的脆爽，口感非常豐富，且包含了蛋白質、膳食纖維和多種維生素，給身體帶來滿滿的能量。

材料

豬筒骨 500 克 | 豬里肌 50 克 | 河粉 200 克
生菜葉 2 片
(註：豬筒骨是指中間有洞，可容納骨髓的大骨頭。)

調味料

老薑 2 片 | 鹽 2 小匙 | 生抽 1 小匙
料理酒 1 小匙 | 胡椒粉少許 | 蔥花少許

作法

1 豬筒骨剁成大塊，放入壓力鍋，加入 2000 cc清水，放入老薑、鹽、料理酒，蓋上鍋蓋，大火煮至壓力鍋出蒸氣，轉中小火，煮 15 分鐘，關火。

2 豬里肌洗淨後切成薄片；生菜葉洗淨，掰成兩段備用。

3 取一個湯碗，碗底放入生抽、部分胡椒粉和蔥花。

4 將熬好的豬骨湯沖入碗底，製作成湯底。

5 鍋內倒入清水燒開，放入河粉，大火煮熟，撈起放入湯碗中。

6 將豬里肌肉放入滾水中汆燙 2 分鐘至熟，撈起放入河粉湯碗中。

7 生菜葉放入鍋內汆燙 1 分鐘，撈起放入河粉湯碗中。

8 撒上剩餘胡椒粉和蔥花即可。

TIPS

豬里肌肉不要煮得過老，煮 2 分鐘左右，剛熟的口感最為鮮嫩。

大自然的魔法

蔬菜汁麵

高級　60 分鐘

材料

菠菜 200 克｜紅蘿蔔 200 克｜麵粉 450 克

調味料

鹽 1 小匙｜蔥花、醬油、胡椒粉、香油各少許

作法

1 菠菜、紅蘿蔔洗淨後，用果汁機分別榨成汁，保留蔬菜汁，菜渣棄用。

2 麵粉均勻分成 2 份，每份 200 克，各自撒上 1 克鹽，攪拌均勻，餘下的麵粉用於擀麵條時作為手粉使用。

3 將菠菜汁加入到 200 克麵粉中，和麵，揉壓至光滑不黏手的麵團，蓋上保鮮膜，發酵 30 分鐘。

4 將紅蘿蔔汁加入到 200 克麵粉中，步驟同作法 3。

5 取一個麵團，用擀麵棍擀成薄皮，正反面撒上少許麵粉防止黏手。將麵皮成波浪狀重疊折起，用刀切成想要的寬度即為麵條，再撒上麵粉後用手抓散。另一個麵團同樣操作。

6 鍋內倒入清水燒開，放入麵條，轉中小火，煮 3 ～ 4 分鐘至熟。

7 湯碗內放入蔥花、醬油、胡椒粉、香油、鹽，用煮麵的熱湯沖成湯底。

8 煮好的麵條撈起，盛入碗中，再加入自己喜歡的調味料和配菜即可。

TIPS

不同的果汁機出汁率不同，這道食譜裡，200 克麵粉搭配約 110 克的蔬菜汁為佳。如果出汁率太低，可以加一些清水，否則麵團太硬會揉不動。

特色

菠菜的綠、紅蘿蔔的紅，這美麗的顏色是大自然施的魔法。還可以將紫高麗菜的紫、南瓜的黃、火龍果的紅，通通融入到麵粉中，不但可以做出五彩繽紛的麵條，還可以做出各種高顏值的麵點，裝飾您的餐桌，滿足孩子們挑剔的味蕾。

肉和麵食的完美結合

豇豆肉絲燜麵

中等 50 分鐘

材料

豇豆（長豆）300 克 | 豬五花肉 150 克 | 細麵 300 克

調味料

植物油 1 大匙 | 生抽 1 小匙 | 薑末 1 小匙
蒜蓉 1 小匙 | 小尖椒 3 根 | 鹽 1 小匙
十三香少許 | 雞粉少許 | 醬油少許
(註：十三香是一種調味料，因使用十三種材料混合而得名。)

TIPS

燜煮的時候注意火候，以湯汁濃稠，麵條不糊爛為佳。

作法

1 豇豆洗淨，掰成小段，也可以用刀切成小段；五花肉切成小丁；小尖椒切成末。

2 鍋內放入 1 大匙植物油燒熱，放入蒜蓉、尖椒末、薑末炒香。

3 放入五花肉，中火翻炒至變色、出油脂，放入 1/2 小匙鹽，淋上少許醬油上色。

4 放入豇豆翻炒至軟後，加入十三香、雞粉、生抽、1/2 小匙鹽，繼續翻炒約 1 分鐘，再加入清水（不要淹過豇豆的量）。

5 將麵條抖散後，鋪在豇豆上，蓋上鍋蓋，中火燜 15 分鐘。

6 打開鍋蓋，用筷子（或鍋鏟）將麵條和豇豆、五花肉攪拌均勻，讓麵條均勻裹上湯汁，即可起鍋食用。

特色

肉和主食的搭配永遠能滿足腸胃的慾求，豇豆五花肉則是燜麵的經典搭配。炒出油脂噴香的五花肉，燜出濃香的湯汁，被豇豆和麵條完全吸收，每一根豇豆都浸透了滿滿的肉香，蒸過的麵條也更加香濃有嚼勁，是營養和美味的完美結合。

從街頭香到街尾的經典炒麵食

乾炒菜薹河粉

中等 15 分鐘

特色

大火翻炒，讓軟彈的河粉完全融合雞蛋的香、菜薹的甜，佐以各種香濃的醬汁，讓人欲罷不能。街上只要有這麼一個炒河粉攤，就能讓整條街都充滿了美妙的食物氣味。

材料

河粉 300 克 | 雞蛋 2 顆 | 菜薹 2 棵

調味料

植物油 30 cc | 醬油 1 小匙
鹽 1 小匙 | 雞粉少許 | 蔥花少許

TIPS

1 新鮮的河粉有市售成品，用清水浸泡一下，河粉才能均勻散開，以免炒河粉的時候黏成一團。
2 大火熱炒，沿著鍋邊淋入醬油，醬油瞬間經過高溫，能散發出更香濃的味道。

作法

1 買來的新鮮河粉過冷水弄鬆散，瀝乾水分備用。

2 菜薹洗淨，切成小段；雞蛋打散成蛋液，備用。

3 鍋內倒入一半的植物油燒熱，倒入蛋液，迅速翻炒，加入少許鹽，炒香後盛出。

4 鍋內倒入剩下一半的植物油，燒熱，放入河粉、菜薹、鹽，翻炒 2 分鐘至均勻。

5 加入已炒香的雞蛋、少許雞粉翻炒均勻。

6 沿著鍋邊淋入醬油，大火炒香，撒上蔥花，即可盛盤。

色澤鮮亮、脆爽香嫩

三絲炒河粉

中等

30 分鐘

特色

食材的四種顏色分明而鮮亮，看起來就清爽可口，令人食慾大開。蔬菜富含膳食纖維，搭配富含蛋白質的雞蛋，不但好看、好吃，而且健康有飽足感。

材料

雞蛋 1 顆｜萵苣 50 克
紅蘿蔔 50 克｜河粉 200 克

調味料

鹽 1 小匙｜醬油 1 小匙
植物油 1 大匙｜蔥花少許

作法

1 河粉抓散，以免炒的時候黏在一起；萵苣、紅蘿蔔洗淨後切成細絲。

2 雞蛋打入碗中，用筷子用力打散成蛋液。

3 平底鍋中倒入少許植物油燒熱，倒入蛋液，轉小火，攤成蛋皮，盛出後折疊起來，切成蛋絲備用。

4 鍋內倒入剩下的植物油燒熱，放入萵苣絲、紅蘿蔔絲、蛋絲、鹽，炒勻。

5 放入河粉、鹽，轉中小火繼續翻炒，使配菜和河粉混合均勻。

6 沿著鍋邊淋入醬油，用力翻炒至河粉均勻上色，撒上蔥花即可。

TIPS

1 炒製過程中注意火候，如果有些黏鍋，淋入少許清水即可。
2 喜歡吃辣椒的人，可以撒一些辣椒粉。

03
Chapter
麵餅類

基礎

大餅捲萬物

燙麵薄餅

中等　40 分鐘

材料

麵粉 500 克

調味料

鹽 1 小匙｜植物油適量

特色

這是可以當作一頓飯的麵食。麵餅做一次可以凍起來慢慢吃，搭配各種喜歡的蔬菜、肉食，只要你想得到的，都可以捲起來。一口咬下去，不管是舌尖還是腸胃都得到極大的滿足。適合沒有時間下廚，但是對生活有要求的你。

作法

1 將鹽混合進麵粉中，倒入 300 cc 熱水，開始和麵。

2 和好的麵團蓋上保鮮膜，發酵 60 分鐘。

3 將麵團揉成長條，分成大小均勻的小麵團，蓋上保鮮膜，靜置 10 分鐘。

4 雙手沾上些許植物油，將小麵團揉成圓形，壓扁。每兩張麵餅疊在一起。

5 用擀麵棍將疊好的麵餅擀成薄圓餅。

6 取平底鍋，小火加熱，鋪上一張薄圓餅，當圓餅表面發白，起大泡的時候，就可以盛出。

TIPS

1 煎餅的時候一定要使用小火，不要煎太久，因為麵粉已經用熱水燙熟，所以只要麵餅變成白色，稍微呈少許焦狀、起大泡了就可以盛出。煎太久口感會硬。
2 麵餅可以用來捲各種食材，例如蔬菜、肉菜、醬菜等。
3 可以一次多做些，吃不完的麵餅放入冰箱冷凍。想吃的時候，可以用微波爐、烤箱、蒸鍋加熱，非常方便。

酥脆可口、香氣四溢

蔥油餅

中等　70 分鐘

材料

麵粉 250 克

調味料

鹽 1 小匙｜植物油適量｜蔥花適量

作法

1 將鹽放入麵粉中，倒入 150 cc 熱水，開始和麵。

2 和好的麵團蓋上保鮮膜，靜置發酵 30 分鐘。

3 將麵團等分，取其中一等分，用擀麵棍擀成薄片，均勻刷上植物油，撒上蔥花。

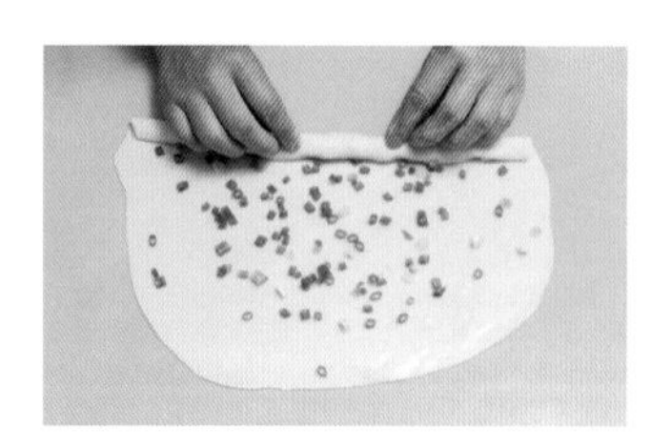

4 由下往上捲成長條狀。

5 將長條兩端拎在手上，輕輕晃抖，增加長度。再整成圓餅狀，將頭尾塞進圓餅中，並按壓成扁餅。蓋上保鮮膜，靜置 15 分鐘。

6 用擀麵棍將扁餅再擀薄一些，但不要太薄，保留薄餅的層次。

7 平底鍋中倒入 1 大匙植物油燒熱，放入餅皮，轉中火煎至散發香味、呈現蓬鬆狀態，再用鍋鏟輕輕拍鬆即可裝盤。

TIPS

1 用熱水燙麵的時候，儘量燙均勻，根據筷子攪拌的速度倒入熱水，邊攪拌邊燙，不要一下子注入過多的熱水，這樣會把麵粉燙死。

2 在作法 7 時，用鍋鏟輕輕拍打蔥油餅，將蔥油餅的結構打散，口感會更酥脆。

特色

蔥油餅的口感酥脆、蔥香濃郁，咬一口就停不下來，
是常見的傳統麵食小點心。

早餐精品

掛麵煎餅

簡單 20 分鐘

材料

掛麵 150 克｜雞蛋 3 顆｜芹菜 1 根
培根 3 片｜香蔥 1 根

調味料

甜麵醬 2 小匙｜黃豆醬 2 小匙｜細砂糖 1 小匙
油適量｜料理酒 1 小匙｜白胡椒粉適量
熟白芝麻適量

作法

1 香蔥去根，洗淨後切小粒；芹菜洗淨，切小粒；培根切條狀。

2 雞蛋打散，加入料理酒和白胡椒粉拌勻後，加入適量香蔥拌勻。黃豆醬、甜麵醬、細砂糖攪勻成抹醬。

3 掛麵放入沸水中煮到七分熟，撈出瀝乾水分後拌入少許油，防止麵條沾黏。

4 中火加熱平底鍋，鍋熱後放入一大匙油，抹勻。放入掛麵，攤平使麵條覆蓋鍋底。

5 在麵條表面均勻淋上香蔥蛋液，蛋液定型、微焦後翻面，煎到兩面金黃後盛出放到砧板上。

6 煎餅表面塗上一層抹醬，在餅的右半邊撒上一層芹菜粒，左半邊放上培根。

7 撒上香蔥粒、適量白芝麻，將煎餅對折夾住內餡，切塊裝盤。

TIPS

儘量選寬一點的掛麵，最好不要選用龍鬚麵之類的細麵條。細麵條容易重疊而沒有空隙，因為要讓蛋液流入麵條空隙中，才能達到外焦內軟的口感。掛麵易熟，煮製時間不要太長，否則易斷，後續不好操作。

特色

誰說只有麵粉才能做餅？吃不完的掛麵也可以製作喔！掛麵易儲存易煮熟，非常適合做早餐。煮好之後加入雞蛋，煎得酥酥的，配上蔬菜和醬料，你會忘記這是掛麵做的煎餅。

做個持家又有創意的小廚娘

煎米餅

中等 40 分鐘

特色

隔夜的剩飯實在是一個好東西，不但可以做出各種美味的炒飯，還可以做成焦香可口、高顏值的米餅，讓我們換著花樣吃主食。

材料

米飯 300 克｜豌豆仁 100 克
紅蘿蔔 100 克｜雞蛋 1 顆

調味料

鹽 1 小匙｜生抽 1 小匙
黑胡椒粉 1 小匙｜植物油 2 大匙

TIPS

1 吃剩的米飯用這個辦法做出來，好吃又好看，非常受孩子們歡迎。
2 可以加入任何喜歡的配菜、蔬果。
3 在煎米餅的時候，一面煎定型後再翻面，否則飯粒容易散開。

作法

1 紅蘿蔔洗淨後切成小丁；雞蛋打入碗中，用筷子打散成蛋液備用。

2 豌豆仁和紅蘿蔔放入滾水中燙熟，撈出放涼備用。

3 米飯最好用隔夜剩飯，用手抓散，放入盆中，加入豌豆仁、紅蘿蔔、蛋液，混合均勻，讓每一粒米飯儘量都裹上蛋液。

4 放入鹽、生抽、黑胡椒粉，再淋入 1 大匙植物油，攪拌均勻備用。

5 取一個平底鍋，刷上一層植物油，燒熱。

6 用杓子挖出拌好的米飯，放入鍋中，按壓整型成圓餅狀，小火煎至兩面金黃香脆，擺盤即可，趁熱吃非常香。

健康養生的能量早餐

芝麻火腿煎餅

特色

芝麻營養豐富，香味濃郁，配以彈牙的火腿，使麵餅的口感更加有層次，還可以搭配喜歡的蔬果捲起來吃，讓膳食營養更加完整。

材料

高筋麵粉 50 克｜雞蛋 1 顆
火腿 1/2 條

調味料

黑芝麻 10 克｜橄欖油 1 小匙
鹽 1/2 小匙｜蔥末少許

TIPS

餅皮煎得薄一點，可根據喜好捲入一些愛吃的蔬菜，例如紅蘿蔔絲、彩椒絲、生菜絲等，當作捲餅來吃。

作法

1 雞蛋打散成蛋液和適量清水混合拌勻；火腿切成薄片。

2 將蛋液和進麵粉中，攪拌成糊狀。

3 麵糊中加入火腿片、鹽、黑芝麻、蔥末，最後加入橄欖油攪拌均勻。

4 平底鍋加熱，倒入麵糊均勻攤開，煎至兩面金黃有香味散出即可。

特色

韭菜含有大量粗纖維，可有效幫助腸道蠕動，提高身體代謝、美容排毒。其口感脆嫩清香，和雞蛋一起融入麵粉中，清香酥軟，易吸收、好消化。

香噴噴的家常麵餅

韭菜雞蛋麵餅

材料

高筋麵粉 100 克｜韭菜 100 克
雞蛋 1 顆

調味料

鹽 1 小匙｜橄欖油適量

作法

1 韭菜洗淨後切碎備用。

2 雞蛋打散成蛋液，加入韭菜末和鹽。

3 將蛋液和進麵粉中，加入適量清水，攪拌成糊狀。

4 在麵糊中滴入幾滴橄欖油。

5 平底鍋加熱，倒入麵糊，輕輕晃動平底鍋，使其均勻凝固，小火煎至兩面金黃有香味散出即可。

TIPS

喜歡吃鬆軟口感的人，可以增加倒入鍋中的麵糊分量，使煎製的麵餅厚度增厚即可。

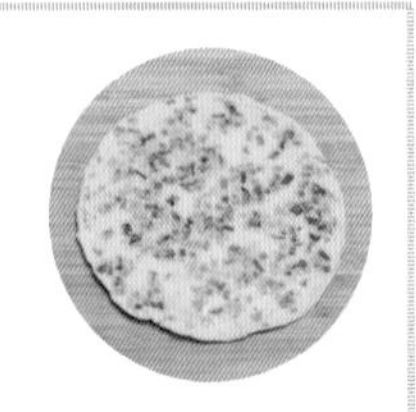

清甜柔嫩的小清新口感

櫛瓜煎餅

中等

30 分鐘

特色

櫛瓜水嫩清甜，非常可口，用鹽醃製出水分後，口感帶有一點脆韌，使得麵餅有種瓜果的清香，非常解膩爽口。

材料

櫛瓜 1 個｜雞蛋 2 顆
麵粉 100 克

調味料

橄欖油、鹽、香蔥各少許

TIPS

吃的時候可以捲入自己喜歡的蔬菜和其他配菜，也可以不捲直接吃。

作法

1 櫛瓜洗淨後切絲，放入少許鹽醃製 5 分鐘。

2 加入雞蛋液、麵粉、鹽、切碎的蔥末和少許橄欖油，攪拌均勻。

3 如果麵糊太稠，適量加一些清水，以杓子舀起麵糊能流動為準。

4 平底鍋加熱，不需要再放油。放入一杓麵糊並均勻攤開，等煎至變色有香味時，翻面煎熟即可。

作法

1 平底鍋燒熱，放入手抓餅，轉中小火，煎至兩面金黃，盛出備用。

2 鍋內倒入植物油加熱，打入雞蛋，撒上少許鹽和胡椒粉，煎熟成荷包蛋，取出備用。

3 放入培根片，小火煎香取出。

4 將培根片和荷包蛋放入手抓餅內，捲起即可。

酥嫩可口的快手早餐

雞蛋培根手抓餅

中等

15 分鐘

特色

煎過後的手抓餅金黃酥脆、香酥可口，再捲入不同的配菜，例如雞蛋、火腿、起司、生菜等，便是一頓簡單易做、好吃又有飽足感的快手早餐。

材料

冷凍手抓餅 1 片｜雞蛋 1 顆
培根 1 片

調味料

植物油 1 大匙｜鹽少許
黑胡椒粉少許

TIPS

1 手抓餅可以選擇市售半成品，無須解凍，打開包裝即可烹飪。或以蔥抓餅替代。
2 手抓餅本身的含油量很高，平底鍋在煎完手抓餅後，鍋內會留下豐富的油脂，因此不用再放油，直接用於煎蛋和培根，可以減少熱量的攝入。

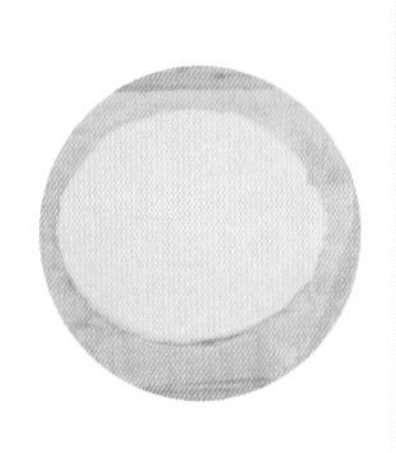

鹹香酥脆、層次豐富的傳統麵餅

椒鹽燒餅

高級 120 分鐘

材料

麵粉 350 克｜花椒粉 10 克｜白芝麻適量

調味料

鹽 5 克｜細砂糖 2 克｜乾酵母 2 克
植物油 2 大匙

作法

1 將 300 克麵粉放入大盆中，加入 3 克鹽、乾酵母、細砂糖混合均勻。倒入 180 cc清水，揉成光滑的麵團，蓋上保鮮膜，靜置發酵 60 分鐘，至麵團脹大成 2 倍。

2 等待麵團發酵期間製作椒鹽油酥：鍋中倒入植物油燒熱，轉小火，放入 30 克麵粉、花椒粉不斷翻炒，炒至麵粉發黃時關火，加入2克鹽拌勻，盛出放涼備用。

3 發酵好的麵團再次揉壓，排除麵團中的空氣，再靜置 10 分鐘左右，使麵團的組織恢復鬆軟。

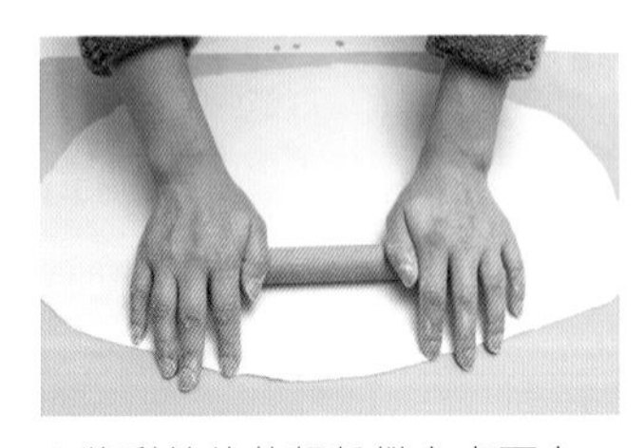

4 將剩餘的乾麵粉撒在桌面上，防止麵團沾黏。用擀麵棍將麵團擀成薄薄的麵皮，越薄越好。如果桌面不夠大，可以將麵團分成兩個，分兩次操作。

5 在麵皮上均勻抹上製作好的椒鹽油酥，然後將麵皮由下往上緊緊捲起來，形成一個長條形。

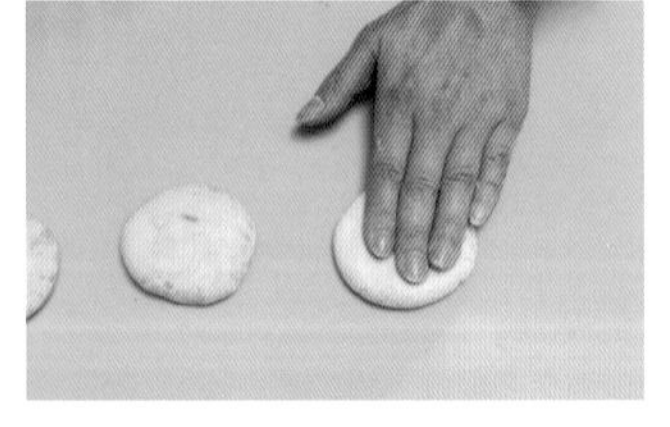

6 將長條切成均勻的小段，兩頭捏緊封口，將長條豎起來，往下壓成圓餅。

7 圓餅刷上一層薄薄的清水，放進白芝麻碗中沾一下，讓芝麻均勻黏在麵餅上。

8 電烤鍋預熱，將圓餅放入，選擇「烙餡餅」功能選項即可，做好的燒餅趁熱吃，口感最好。

TIPS

1 炒椒鹽油酥時一定要注意火候，小火不停翻炒，寧可生一點也不能炒糊了，因為還有下一步可以再烘烤。
2 發酵餅在烘烤加熱時會膨脹，使用電烤鍋可以不蓋蓋子，讓餅有脹發空間。

特色

炒好的椒鹽，鹹香開胃，裹在酥脆有嚼勁的麵餅中做餡料，大大提升了燒餅的味道，越吃越香，欲罷不能。表面沾裹白芝麻，讓燒餅的營養更加豐富，經過烤製之後，香氣四溢，是一道非常傳統經典的麵餅。

外酥內嫩、回味無窮

麻醬燒餅

高級　120 分鐘

材料

麵粉 300 克｜芝麻醬 70 克｜白芝麻 1 小碗

調味料

醬油 10 cc｜鹽 3 克｜乾酵母 2 克
小茴香粉 1 小匙｜花椒粉 1 小匙｜植物油 1 大匙

作法

1 將麵粉、1 克鹽、乾酵母放入大盆中混合均勻，用 180 cc 溫水和麵，揉成光滑的麵團，蓋上保鮮膜，靜置發酵 60 分鐘至麵團脹大 2 倍。

2 製作麻醬：將芝麻醬倒入碗中，加入 5 cc 醬油、2 克鹽攪拌均勻，加入植物油，拌至植物油和芝麻醬完全融合，再加入小茴香粉和花椒粉，拌勻。

3 將麵團再揉壓一次，排出發酵過程中的氣體，蓋上保鮮膜，靜置 10 分鐘。

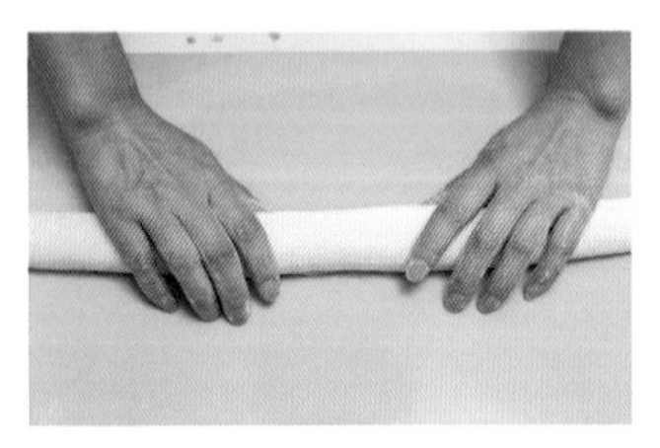

4 將發酵好的麵團擀成略微有些厚度的麵皮，均勻抹上麻醬，捲成長條。

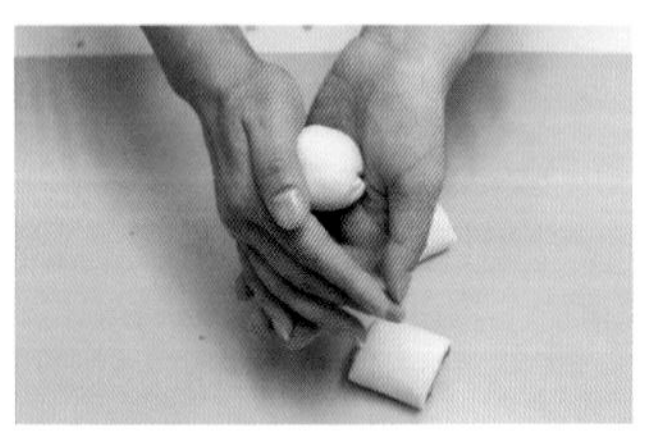

5 將長條均分成數等分，再輕柔的揉成圓球狀。

6 用手抓著圓球一端，另一端沾裹上一層醬油，再放入白芝麻的碗中，均勻滾上一層芝麻。

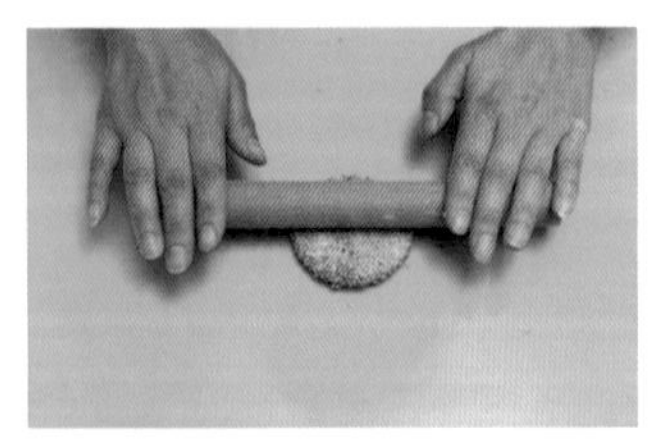

7 將圓球用手按扁，用擀麵棍輕輕擀成圓餅狀。

8 將圓餅放入電烤鍋，用烙餅的功能烹飪即可。

TIPS

麻醬燒餅的關鍵在於濃稠香濃的內餡。市售的芝麻醬較濃，需要用液體稀釋化開。如果覺得植物油熱量較高，用少許清水也可以。

特色

芝麻、花椒都是香味極為出眾的食材，混合後一起裹在麵餅中，麻辣香濃，還沒出鍋，四溢的香味就藏不住了。聽到肚子在咕咕叫了嗎？

進階

蔥香四溢、香酥可口

蔥香千層肉餅

高級　90 分鐘

特色

金黃漂亮的麵餅，外酥內嫩，豬肉餡混合著胡椒粉和蔥香，從裡到外散發著煎烤麵餅特有的香氣，口水都流出來了。

材料

麵粉 300 克｜豬絞肉 150 克｜香蔥末 80 克

調味料

鹽 1 小匙｜胡椒粉 1 小匙｜麵粉 1 小匙｜生抽 1 大匙
料理酒 1 大匙｜植物油 1 大匙

TIPS

採用同樣的步驟和製作麵團的方式，更換餡料，便可做成其他口味的千層餅，例如香辣牛肉餡、五香餡、酸菜肉末餡等。

作法

1 將豬絞肉放入大盆中，放入香蔥末、1 小匙麵粉、鹽、胡椒粉、生抽、料理酒攪拌均勻，做成肉餡，靜置備用。

2 用 180 cc 溫水和麵，揉成麵團後，用保鮮膜蓋好，發酵 30 分鐘。

3 將發好的麵團擀成一張大麵皮。

4 在麵皮上均勻抹上肉餡，四周留白，以免捲長條的時候肉餡溢出。

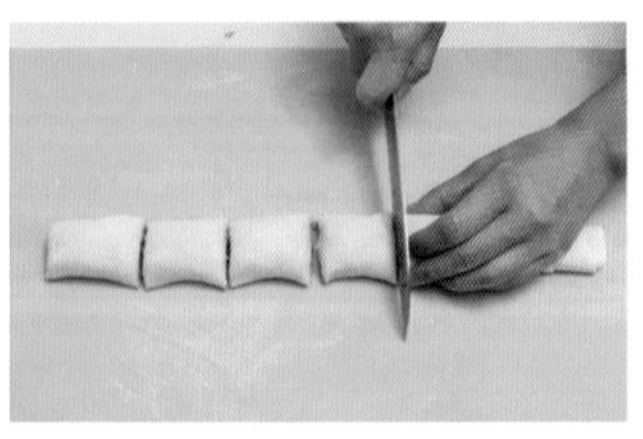

5 將抹好肉餡的麵皮由下往上捲起，再分割成每個 80 克的小麵團，切口不必封口，讓內部餡料及層數顯現出來。

6 電烤鍋預熱好，刷上一層植物油，將餅擺好，用烙餅的功能烤至兩面金黃即可。

此物最「香」思

香酥紅豆餅

中等 50 分鐘

材料

紅豆 500 克｜麵粉 400 克

調味料

細砂糖 50 克｜奶油 30 克｜食用油 70 克

作法

1 提前一天將紅豆清洗乾淨，倒入清水浸泡。

2 將 250 克麵粉加入清水、奶油和勻揉成油麵團，餘下的麵粉加入食用油和勻揉成油酥麵團，在盆中醒（鬆弛）30 分鐘。

3 取壓力鍋，倒入提前泡好的紅豆及泡豆的水，用大火煮開後改用中火煮 20 分鐘，關火。

4 紅豆煮至豆皮開裂後，加入細砂糖，用杓子一邊攪拌一邊搗壓，成為紅豆沙。

5 兩種麵團分別搓成長條後，用刀均分成數量相同的小段。

6 把油麵團擀成圓麵皮，再放入一個油酥麵團，封口包好。全部包好後再醒（鬆弛）2 分鐘，壓平每個麵團，再擀成長條形的麵皮。

7 將長條形的麵皮捲起，再擀成長條形的麵皮，反覆數次，記得每次都讓麵團醒（鬆弛）2 分鐘。

8 最後把麵團擀成圓形麵皮，包入紅豆餡，壓平成圓餅狀，放入刷過油的烤鍋中煎熟即可。

TIPS

紅豆提前一天浸泡，能讓第二天加工更方便。如果想要更細軟的口感，可以在煮製好後撈除掉紅豆皮，再瀝乾水分。

特色

這款香酥紅豆餅，製作雖然簡單，過程卻比較繁瑣。儘管如此，在嚐過它香甜的味道之後，你會覺得這些麻煩，都值得！

金黃香脆、回味無窮

芝麻醬糖餅

中等 60 分鐘

材料

麵粉 200 克｜紅糖（或二砂糖）30 克
芝麻醬 70 克

調味料

植物油適量｜香油適量

作法

1 芝麻醬放入香油進行稀釋，濃度達到用筷子可以攪拌成濃稠的流質即可。

2 將麵粉和成麵團，蓋上保鮮膜，發酵 30 分鐘。

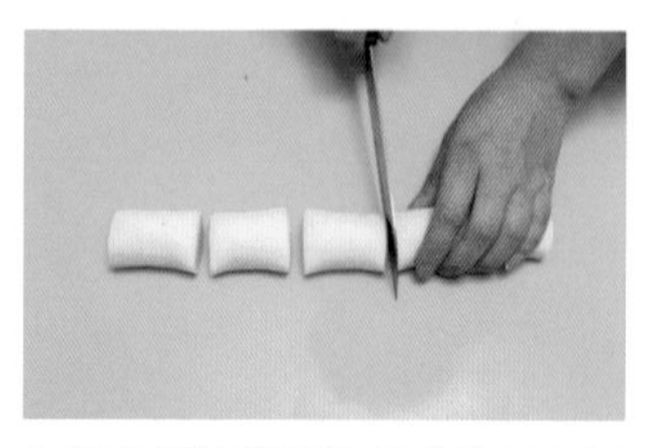

3 將發好的麵團均分成數個小麵團。

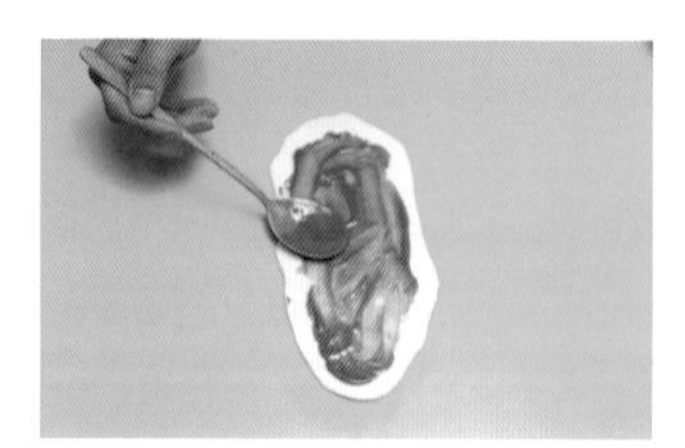

4 取小麵團擀成麵皮，將芝麻醬均勻抹在麵皮上。

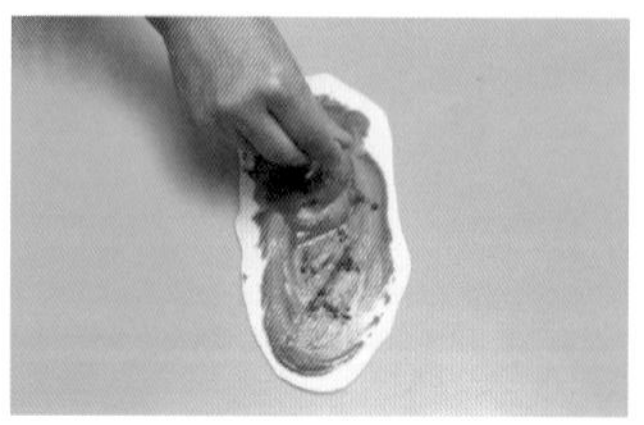

5 在抹好芝麻醬的麵皮上，再撒上紅糖。

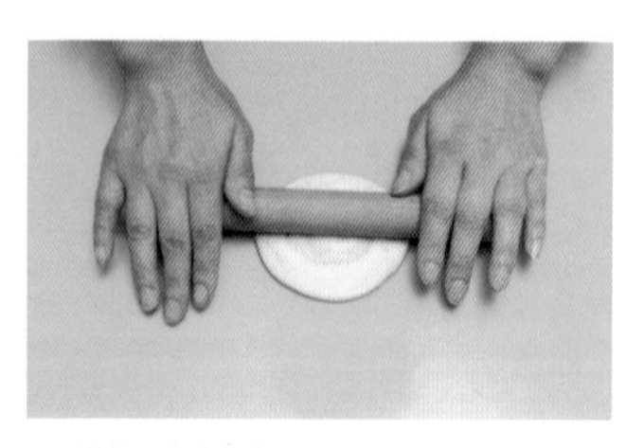

6 將麵皮捲成長條狀，再盤成圓盤狀，用手壓扁後，用擀麵棍擀成薄餅。

7 取一個平底鍋，倒入植物油，放入薄餅，中小火煎至表面香脆金黃。

8 輕輕晃動平底鍋，將麵餅翻面，煎至兩面都金黃焦脆即可。

TIPS

1 煎餅的火候以中小火為佳，太大易糊，太小則煎得過久，餅的口感會硬，一般 2 ～ 3 分鐘煎好一張餅。
2 紅糖的水分含量較高，撒在麵皮上之後，速度要快一些，以免紅糖結塊，戳破麵皮，影響糖餅的顏值。

特色

紅糖和芝麻醬的搭配，濃香四溢，裹在煎得香香脆脆的餅皮當中，甜而不膩。芝麻醬的味道在嘴巴裡半天都散不去，回味無窮。

促進新陳代謝的健康飽足餐

香蕉煎餅

中等

40 分鐘

特色

香蕉口感柔順、味道香甜，富含多種維生素和膳食纖維，能幫助腸胃蠕動和消化，促進身體的新陳代謝，裹在加了牛奶雞蛋的麵皮中，是一頓既好吃，營養又豐富的早餐。

材料

香蕉 2 根｜麵粉 80 克
雞蛋 1 顆｜牛奶 150 cc

調味料

橄欖油 1 小匙

作法

1 香蕉剝皮，斜切成 1 公分厚度的香蕉片。

2 麵粉內加入雞蛋液、牛奶、橄欖油攪拌均勻，製作成麵糊。

3 平底鍋開小火燒熱，倒入一杓麵糊，攤成圓餅狀。

4 煎至麵糊一面凝固、微黃焦香時，放入香蕉片，小火繼續慢煎至成形。

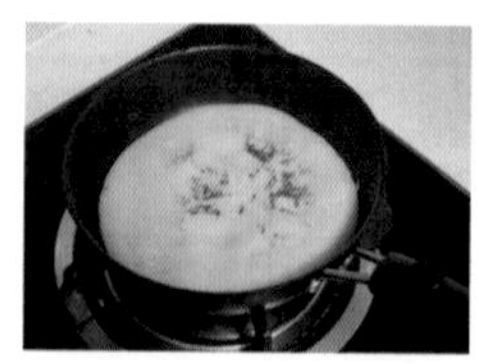

5 將香蕉餅翻面，繼續小火煎熟，此時香蕉散發出濃香，並且與麵餅完全貼合。裝盤即可食用。

TIPS

1 在煎麵餅的時候，要等一面完全凝固後再小心翻面，以免麵皮破碎。
2 要小火慢煎，香蕉受熱後的香味會非常濃郁。

04
Chapter
麵點類

基礎

金黃香脆，簡單易做的早餐

雞蛋煎饅頭

特色

浸透蛋液的饅頭經過油煎後，表面金黃香脆，夾雜著翠綠的蔥花，好看又好吃。作法快速、簡單，非常適合上班族在時間非常寶貴的早晨烹製。

材料

雜糧饅頭 1 個（約 150 克）
雞蛋 2 顆

調味料

鹽 1/2 小匙｜胡椒粉 1 小匙
植物油 2 小匙｜蔥花少許

TIPS

1 一般超市都設有專區販售做好的饅頭，種類豐富。
2 植物油的分量可以酌量增減，油多火大，油煎時間稍微長一些，饅頭片的口感更香脆，反之，饅頭片的口感會更柔軟。

作法

1 將饅頭切成薄片，一個饅頭大約可以切成 5 片。

2 雞蛋打入碗中，用力打散，加入胡椒粉和鹽，攪拌均勻。

3 將饅頭片放入蛋液中浸泡，讓饅頭吸收足夠的蛋液。

4 鍋中加入植物油燒熱，放入饅頭片平鋪在鍋底，小火慢慢煎至兩面金黃香脆，撒上少許蔥花裝飾即可。

作法

1 將奶油放入小碗中，隔水融化成奶油液。

2 加入鹽、蒜蓉拌勻，撒上蔥末，攪拌均勻成蒜香汁。

3 饅頭切成厚度適中的方片，一個饅頭可切成 4 片。

4 烤盤中鋪上鋁箔紙，將饅頭片均勻抹上蒜香汁，整齊擺在烤盤上。

5 烤箱預熱至 180℃，烤盤放入中層，上下火 180℃，烤 15 分鐘至表面金黃即可。

既是主食也是點心

蒜香烤饅頭片

簡單

40 分鐘

特色

奶油的香味獨特誘人，融入蒜蓉的辛辣味，抹在饅頭片上，放入烤箱烘烤，又香又脆，直接吃就非常好吃。還能淋上自己喜歡的辣醬或是煉乳、番茄醬等佐醬，簡直完美。

材料

饅頭 2 個（約 400 克）

調味料

奶油 25 克｜鹽 1 小匙｜蒜蓉 1 大匙
蔥末適量

TIPS

根據自己的口味，吃的時候可以淋上煉乳或者辣椒油之類的佐醬。

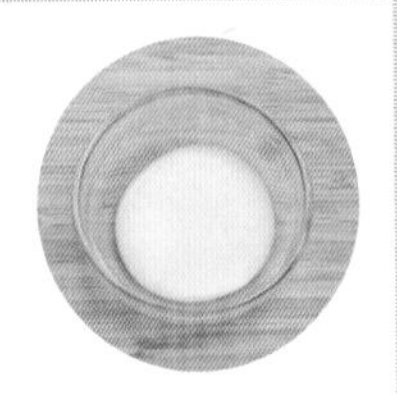

哇！好香好香

辣醬孜然炒饅頭

簡單 25 分鐘

材料

全麥饅頭 2 個｜雞蛋 2 顆

調味料

香蔥 1 根｜辣椒醬 1 大匙
孜然粉適量｜植物油 3 大匙

TIPS

1 切饅頭塊時不宜切得過大，否則不易入味。
2 辣椒醬和孜然粉都有鹹味，調味時不需再加鹽。

作法

1 香蔥用清水洗淨，切段備用。

2 將雞蛋打入碗中，用筷子充分打散成蛋液。

3 將全麥饅頭切成小塊，浸入蛋液中，使每一塊饅頭都均勻裹上蛋液。

4 炒鍋中倒入 2 大匙油，燒至七分熱後，倒入裹勻蛋液的饅頭塊，煎至金黃色後盛出。

5 鍋中重新倒入 1 大匙油，爆香蔥段。

6 放入辣椒醬，中小火炒出香味。

7 倒入全麥饅頭塊，反覆翻炒 1 分鐘。

8 放入孜然粉炒勻即可。

特色

美食不一定要選擇食材珍貴、烹調技術高超的，它不一定好看但一定要好吃。全麥饅頭裹上黃澄澄的雞蛋液，再用辣椒醬煸炒一下，香味四溢，既好看又好吃。完了！吃一口就徹底被它俘虜了。

一點蔥花就調出麵點的風味

蔥香花捲

中等　120 分鐘

特色

綠蔥花、白麵團，白綠相間，看起來十分清爽。而且僅用一點點鹽，讓蔥香更加濃郁，格外引人食慾。這是一道傳統、常見、好吃、好消化的麵點主食。

材料

麵粉 500 克

調味料

乾酵母 4 克｜細砂糖 15 克
鹽 1 小匙｜蔥花 20 克
植物油適量

作法

1 將麵粉放入大盆中，加入乾酵母、細砂糖混合均勻。

2 麵粉加水，揉成麵團，蓋上保鮮膜，常溫發酵 60 分鐘。

3 將麵團擀成一張圓形的薄麵皮，上面刷上一層植物油，抹上鹽、撒上蔥花，由下往上捲成圓筒狀，兩端封口收緊捏好。

4 均切成小段，取兩小段重疊，中間用筷子按壓出凹處。用手捏住兩端略微拉一拉，再以反方向扭轉（像扭麻花的扭法）。

5 再將麵團兩邊切口處和中間處用手捏緊相接，花捲的造型就做好了。

6 將做好的花捲放在蒸籠中，靜置發酵 20 分鐘。

7 蒸鍋內加入清水，放入蒸籠，大火蒸 15 分鐘，關火後燜 5 分鐘即可。

TIPS

1 新手在花捲的扭麻花階段有些不熟悉，可以雙手捏住麵團兩端，反方向擺弄一下看看效果，感覺對了再將兩端連接封口，以免蒸出來散開。
2 可先將植物油、蔥花和鹽拌勻，再一起抹在麵皮上。

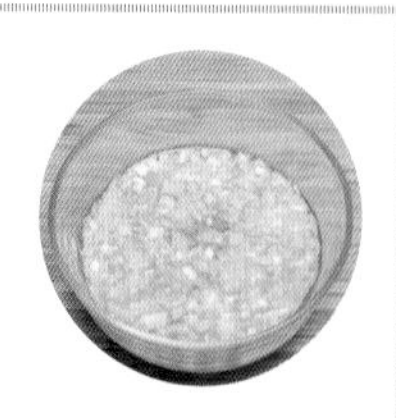

好吃到讚不絕口

麻醬糖花捲

高級 120 分鐘

材料

麵粉 600 克
紅糖（或二砂糖）30 克

調味料

乾酵母 4 克｜細砂糖 1 小匙
芝麻醬 60 克｜鹽 1/2 小匙

作法

1 將麵粉放入大盆中，加入乾酵母、細砂糖混合均匀。

2 麵粉加水，揉成麵團，蓋上保鮮膜，常溫發酵 60 分鐘至麵團脹到 2 倍大。

3 在芝麻醬中加入鹽，用力攪拌均匀。

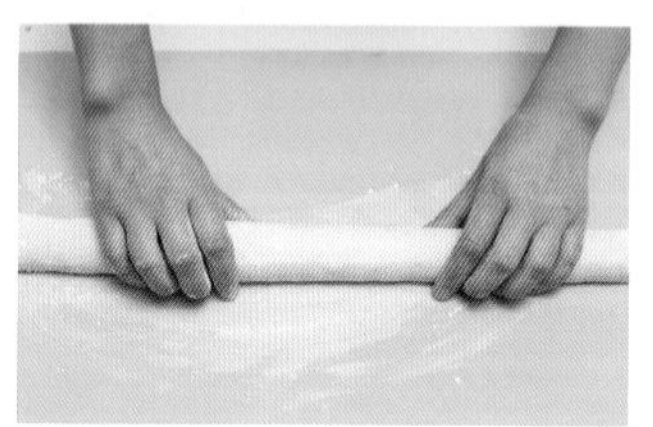

4 將麵團擀成一張方形的薄麵皮，上面刷上一層芝麻醬，再均匀撒上紅糖，由下往上捲成圓筒，兩端封口收緊捏好。

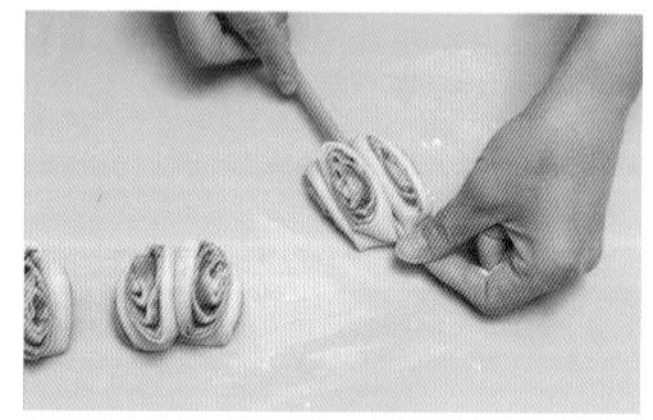

5 將圓筒均切成小段，取兩小段重疊壓在一起，中間用筷子按壓出凹處，用手捏住兩端略微拉一拉，再以反方向扭轉。

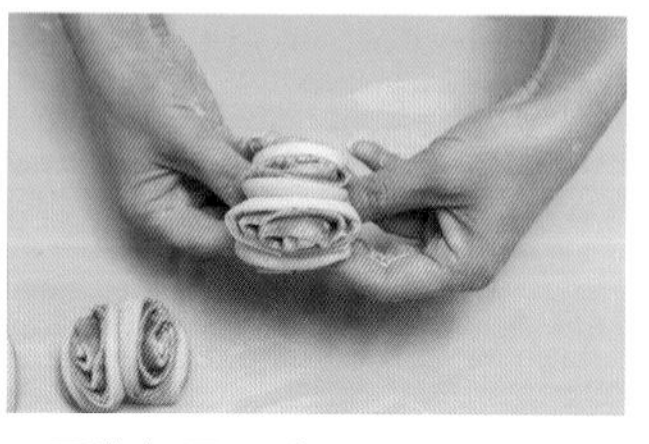

6 再將麵團兩邊切口處和中間處用手捏緊相接，花捲的造型就做好了。

7 將做好的花捲放在蒸籠中，靜置發酵 20 分鐘。

8 蒸鍋內加入清水，放入蒸籠，大火蒸 15 分鐘，關火後焖 5 分鐘即可。

TIPS

可以在麵團上撒上花椒粉或刷辣椒油、紅油等自己喜歡的調味料，做出不同風味的花捲。

特色

用少許鹽調製出芝麻醬和紅糖的香濃，抹在麵皮中，蒸熟後的花捲，有麵點的柔軟和芝麻醬的濃香，吃完後齒頰留香、回味無窮。

香甜鬆軟，甜而不膩的小點心

豆沙包

中等 120 分鐘

特色

紅豆沙餡甜而不膩，細滑的口感搭配鬆軟的包子皮，是非常經典的一道傳統麵食，也是非常受小朋友歡迎的一道小點心。

材料

高筋麵粉 500 克｜紅豆沙餡 350 克

調味料

乾酵母 4 克｜細砂糖 10 克｜鹽 2 克

TIPS

紅豆沙餡可以購買市售成品，不喜歡吃太甜的，還有低糖型豆沙餡可選。

作法

1 將麵粉放入大盆中，加入乾酵母、細砂糖、鹽混合均勻。

2 麵粉加水，揉成麵團，蓋上保鮮膜，常溫發酵 60 分鐘至麵團脹發到 2 倍大。

3 發酵好的麵團加入少許乾麵粉，重新揉搓 10 分鐘左右，分成均等的小麵團，蓋上保鮮膜，靜置 10 分鐘。

4 將紅豆沙餡分成和小麵團一樣的數量，搓成小球備用。

5 小麵團用擀麵棍擀成圓麵皮，包入紅豆沙餡，封口捏緊，放入蒸籠中。

6 蒸鍋內加入清水，放入蒸籠，大火蒸 15 分鐘即可。

高人氣的素包子

香菇木耳素包子

高級　120 分鐘

材料

麵粉 600 克｜乾香菇 50 克
乾木耳 20 克｜豆干 500 克

調味料

乾酵母 5 克｜細砂糖 1 小匙｜香油 2 大匙｜鹽 6 克
五香粉 1 小匙｜素雞粉少許｜蔥花適量

作法

1 將麵粉放入大盆中，加入細砂糖、乾酵母、鹽 2 克，混合均勻。

2 麵粉加水，揉成麵團，蓋上保鮮膜，常溫發酵 60 分鐘至麵團脹到 2 倍大。

3 香菇、木耳用清水泡發，洗淨後切碎；豆干洗淨後切成小丁。

4 在鍋中倒入香油，大火燒熱，倒入木耳、香菇、豆干炒香，再加入 4 克鹽、五香粉、素雞粉和蔥花，炒拌均勻即為餡料。

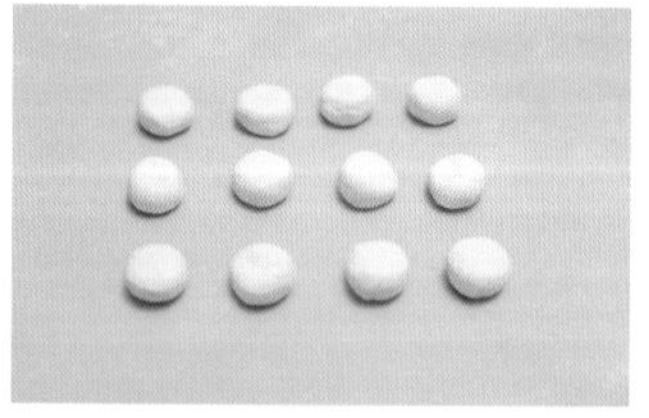

5 將發好的麵團用雙手揉搓排氣，再分成大小均等的小麵團。

6 小麵團用擀麵棍擀成圓麵皮，包入炒好的餡料，放入蒸籠中，發酵 20 分鐘。

7 蒸鍋內加入清水燒開，放入蒸籠，大火蒸約 10 分鐘即可。

TIPS

1 豆干的種類很多，例如五香豆干、滷豆干等，都適用。
2 泡好的香菇如果蒂部太硬太老，可以去除不使用。
3 根據口味喜好，也可添加辣椒粉。

特色

木耳富含多種微量元素、口感Q脆清爽，配上豆香十足又有嚼勁的豆干和香味濃郁的香菇，營養非常豐富。加入了五香風味的調味料，讓包子的內餡更加入味，是一道純素的主食。

滿嘴的肉香

糯米燒賣

高級 50 分鐘

材料

糯米 150 克｜臘腸 100 克｜紅蘿蔔 50 克
玉米粒 50 克｜乾香菇 3 朵｜餃子皮適量

調味料

大蔥 5 克｜生抽 1 大匙｜蠔油 2 小匙
細砂糖 1 小匙
鹽 1 小匙｜油少許

TIPS

臘腸蒸的時候會出油，跟糯米一起蒸，會讓糯米更油亮滋潤。如果覺得餃子皮太厚，可以替換成餛飩皮，還可省掉擀薄的步驟。燒賣在蒸製過程中可以噴灑一次清水，蒸出的燒賣皮會更水潤。

作法

1 糯米提前一天用清水浸泡，泡好後瀝乾水分。

2 紅蘿蔔去皮、切小粒；香菇泡發、去蒂，切小粒；大蔥切成蔥花。

3 臘腸切成小塊，與瀝乾的糯米一起放入蒸鍋中蒸熟。

4 中火加熱炒鍋，鍋內放入少許油，放入蔥花爆香。

5 放入紅蘿蔔粒與香菇粒翻炒，下玉米粒和作法3材料，加入生抽、蠔油、糖和鹽，炒勻成餡料。

6 用擀麵棍把餃子皮擀薄，取一張皮，放入適量餡料。

7 用虎口將餃子皮收攏，收口處不要封死，重疊部分捏緊，用杓子略壓表面。

8 蒸鍋內加入清水燒開，放入燒賣，大火蒸 10 分鐘即可。

特色

北方人可能會覺得麵皮包糯米有點兒像「烙餅捲著饅頭就著米飯吃」，裡外都是糧食。但其實糯米與臘腸混合做成鹹口味的餡料，口感彈牙，肉香四溢，還挺特別的，偶爾試試也不錯。

湯汁濃郁、年糕彈牙

辣醬炒年糕

中等 30 分鐘

特色

韓式辣醬的味道甜辣適中，再搭配洋蔥和紅蘿蔔，完善了膳食結構。年糕作為傳統的主食之一，彈牙有嚼勁，浸透了辣醬及蔬菜的湯汁，完全入味，非常好吃。

材料

年糕 500 克｜紫洋蔥 150 克
紅蘿蔔 100 克

調味料

韓式辣醬 30 克｜鹽 1/2 小匙
植物油 1 大匙｜番茄醬 1 小匙

TIPS

1 韓式辣醬和番茄醬有市售品，可根據自己的喜好適量添加。
2 韓式辣醬本身含鹽，但因紅蘿蔔、洋蔥等材料需要鹽調味，因此鹽可根據情況酌量調整。

作法

1 年糕切成手指粗的小條；紫洋蔥和紅蘿蔔洗淨後切成條狀。

2 鍋內倒入少許植物油，油熱後，放入紫洋蔥翻炒出香味。

3 加入年糕，轉中火翻炒至微軟。

4 加入紅蘿蔔、鹽、韓式辣醬、番茄醬繼續翻炒均勻。

5 倒入清水，清水的量為食材的 2/3。大火燒開後轉小火。

6 煮至湯汁黏稠收汁即可。

既是甜品也是主食

豆沙餡南瓜湯圓

中等 50 分鐘

材料

南瓜 300 克｜糯米粉 220 克
豆沙餡 250 克

調味料

細砂糖適量

特色

蒸熟的南瓜泥混合著糯米粉，金黃澄澄，十分討喜。趁熱一口咬下，滿滿的豆沙餡，香甜順滑，好吃又好看。既可做主食早餐也可做甜品宵夜，是孩子們都愛吃的一道餐點。

作法

1 南瓜削皮、去籽，切成小塊，放入蒸鍋中蒸熟。

2 蒸熟的南瓜用攪拌機打成泥，或者用湯匙壓成泥。

3 在南瓜泥中加入細砂糖、糯米粉，攪拌均勻，揉成麵團，靜置 30 分鐘。

4 靜置麵團的過程中將豆沙餡均勻搓成小丸子備用。

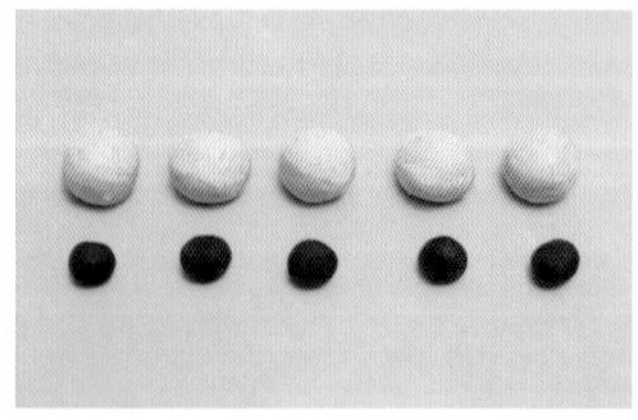

5 將麵團搓成長條，均分成數等分，數量與豆沙餡一樣。

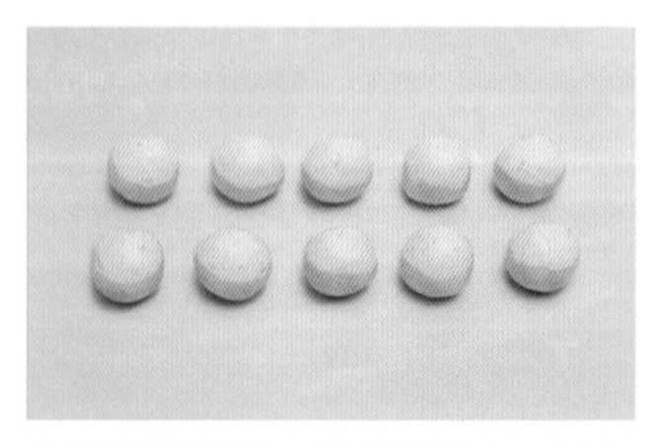

6 將麵團壓扁，擀成圓麵皮，包入豆沙餡，封口用手捏緊，滾圓。

7 鍋內加入清水燒開，放入南瓜湯圓，中火煮至湯圓浮起，熟了即可。

TIPS

1 豆沙餡可購買市售品，如果沒有，也可以不放餡。
2 南瓜湯圓可以水煮，也可以裹上麵包粉油炸。
3 南瓜含糖分，豆沙也是甜的，因此不喜歡吃甜的人，可不放細砂糖，或購買低糖的豆沙餡。

進階

香甜鬆軟、紅棗吃出好氣色

紅棗饅頭

高級 150 分鐘

材料

小麥麵粉 150 克｜紅糖（或二砂糖）30 克
乾紅棗 10 顆

調味料

酵母粉 2 克

TIPS

蒸籠上鋪一層蒸籠布，能防止饅頭黏鍋，若無蒸籠布，則在蒸籠上刷一層薄薄的植物油，也能達到防沾黏的作用。

作法

1 紅糖加入適量清水攪拌溶化，加入酵母粉拌勻，製成糖漿。

2 紅棗洗淨、去核，切成小塊備用。

3 將小麥麵粉、糖漿、清水 90 cc，用力攪拌，揉成麵團。

4 將麵團放入盆中，蓋上保鮮膜，室溫下發酵 90 分鐘，至麵團脹成 2 倍大。

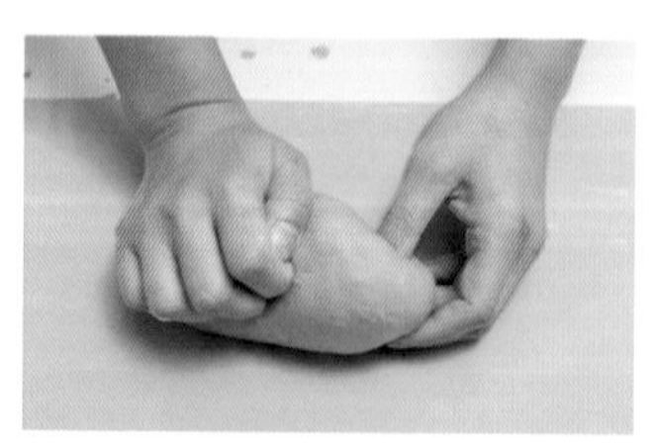

5 發好的麵團反覆擠壓，排出麵團中的氣體。

6 在麵團中加入切好的紅棗肉，揉壓均勻。

7 將麵團分割成均勻的小麵團，揉成大小均等的圓形，繼續發酵 30 分鐘。

8 蒸鍋內加入清水，將發酵好的麵團間隔擺放，大火蒸 15 分鐘，關火，燜約 3 分鐘即可，以防止饅頭驟然遇冷而縮小。

特色

紅糖和紅棗都是補氣養血的好食材，和麵粉揉勻後做成麵點，口感鬆軟，香甜有嚼勁。

家的味道、家的溫暖

韭菜豬肉餃

高級 60 分鐘

材料

麵粉 500 克｜豬絞肉 500 克
韭菜 300 克｜雞蛋 1 顆

調味料

鹽 1 小匙｜薑末 1 小匙
醬油 1 大匙｜胡椒粉少許
雞粉少許

TIPS

1 豬肉以肥瘦 3：7 的比例為佳，若能親手以手工剁切，口感會更好。但若無時間手工剁切，直接買市售品，或使用料理機打成餡亦可。
2 加入 1 顆雞蛋，可以讓豬肉餡攪拌起來更容易產生黏性。
3 一次吃不完的餃子，包好後不要煮熟，直接放入冰箱冷凍，想吃的時候再直接下水煮熟即可。

作法

1 麵粉加入適量清水，揉成光滑的麵團，蓋上保鮮膜，發酵 30 分鐘。

2 韭菜洗淨後，瀝乾水分，切碎。

3 發酵麵團期間製作餡料：豬絞肉放入大盆，加入韭菜碎、雞蛋和所有調味料，以順時針方向用力攪拌至有黏性，靜置備用。

4 將發酵完成的麵團搓揉成長條，再均分切割成小麵團，並擀成圓麵皮，撒上生麵粉，備用。

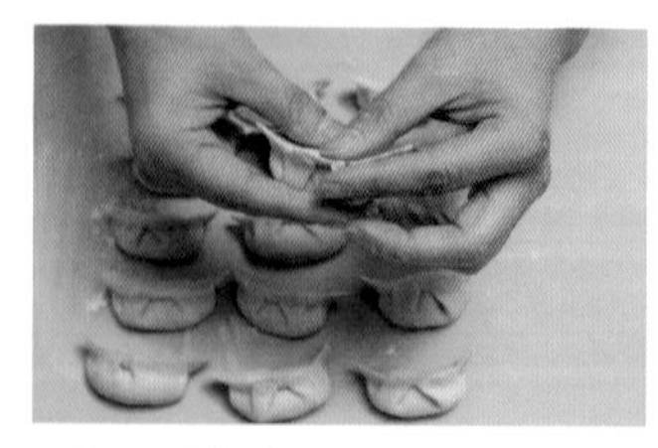

5 取一張麵皮，放入餃子餡，收口捏緊（作法見 P22）。

6 鍋內加入清水燒開，加入少許鹽，放入餃子，大火煮至餃子浮至水面，熟透即可。

特色

韭菜豬肉是餃子最經典的餡料，清香爽口的韭菜配上香濃的豬絞肉，包在麵皮中，不管是水煮湯餃還是煎餃、蒸餃，都最有家的味道。

香脆不膩、百吃不厭

鍋貼

高級　60 分鐘

特色

鍋貼歷史悠久，是非常著名的傳統麵點。一年四季都有不同的時令食材可以包入鍋貼中，經過煎製後，麵皮香酥卻不油膩，內餡柔軟可口，讓人百吃不厭。

材料

麵粉 300 克｜豬絞肉 300 克
紅蘿蔔 200 克｜芹菜 200 克

調味料

鹽 1/2 小匙｜蠔油 1 大匙｜生抽 1 大匙｜蔥花 1 大匙
薑末 1 大匙｜胡椒粉 1 小匙｜植物油適量｜麵粉 1 小匙

作法

1 麵粉加入適量清水，揉成光滑的麵團，蓋上保鮮膜，發酵 30 分鐘。

2 紅蘿蔔、芹菜洗淨，切成碎末。

3 發酵麵團期間製作餡料：豬絞肉放入大盆，加入紅蘿蔔末、芹菜末和所有調味料（植物油、麵粉除外），以順時針方向攪拌至有黏性，靜置備用。

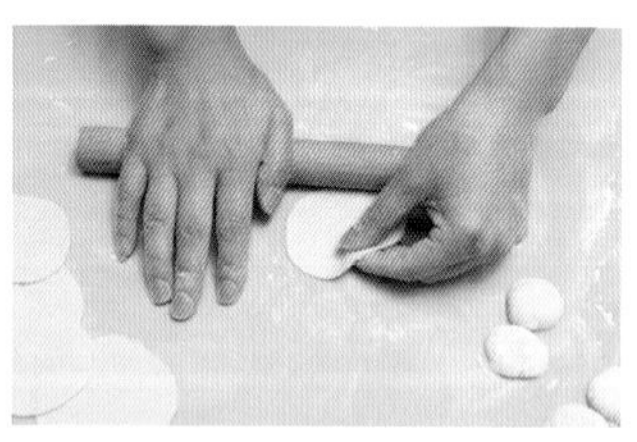

4 將發酵完成的麵團搓揉成長條，再均分切割成小麵團，並擀成圓麵皮，撒上生麵粉。

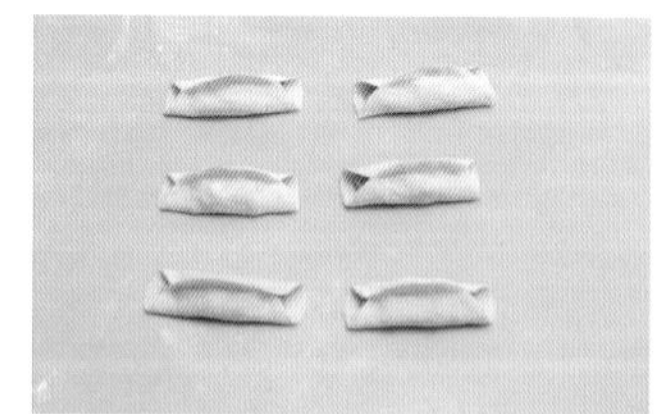

5 取一張麵皮，包入餡料，只捏緊中間的皮，兩端敞口，不做收口動作。

6 取平底鍋，刷上一層植物油，把鍋貼間隔擺入鍋中，轉小火煎出焦底。

7 取 1 小匙麵粉加入清水調勻成麵粉水，澆淋在鍋底。

8 蓋上鍋蓋，以小火煎到鍋底水分蒸發，形成脆底即可。

TIPS

和麵、包餡的作法基本等同於餃子，但和餃子最大的區別是鍋貼的兩端不做收口，以及後續烹調方式不同。

柔軟彈牙有嚼勁的養生美食

小米發糕

高級　150 分鐘

材料

小米 60 克｜雞蛋 1 顆｜麵粉 30 克
糯米粉 20 克｜牛奶 30 cc

調味料

細砂糖 15 克｜乾酵母 2 克
玉米油 10 cc｜檸檬汁少許

作法

1 小米用清水浸泡 2 小時，放入料理機中，加入 50 cc清水打成糊狀。

2 小米糊中加入雞蛋，再打成糊狀，盛到大盆中。

3 在盆中加入糯米粉和麵粉，用刮刀拌勻。

4 分次加入牛奶、細砂糖、檸檬汁，攪拌均勻。

5 再加入乾酵母、玉米油，用力攪拌成細膩的糊狀。

6 盆口用保鮮膜包好，靜置 90 分鐘，讓其發酵至 2 倍大。

7 發酵好的麵糊再次攪拌，幫助麵糊排氣。

8 將麵糊倒入模具中，蓋上保鮮膜，靜置 15 分鐘。

9 蒸鍋內水燒開，放入模具，中火蒸 20 分鐘，關火後燜 3 分鐘。

10 從模具中倒出小米糕，以對角方向切成三角形狀即可。

TIPS

1 檸檬汁可以用白醋替代。
2 喜歡吃有顆粒口感的人，在打小米糊的時候，可以適當打粗一些。

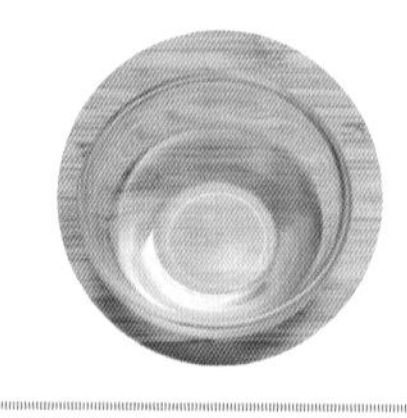

特色

小米是非常營養的粗糧，也很滋補。用小米做成的發糕，香甜柔軟又彈牙，好吃又美味，是孩子也愛吃的一道麵食。

兒時的味蕾體驗

古早味麵包

高級 200 分鐘

特色

麵包的種類繁多、口味豐富，而用最簡單的雞蛋、麵粉做出來的古早味麵包，是在物質匱乏的年代最能滿足口腹之慾的點心，帶給人溫暖的記憶。

材料

高筋麵粉 200 克｜低筋麵粉 100 克
雞蛋 1 顆

調味料

乾酵母 3 克｜奶粉 10 克｜牛奶 150 cc
細砂糖 50 克｜奶油 30 克｜鹽 2 克｜植物油少許

作法

1 將兩種麵粉、乾酵母、細砂糖、雞蛋、奶粉、牛奶放入麵包機中，以中速攪拌成光滑的麵團。

2 加入鹽、奶油，繼續高速、中速切換，攪拌至用手輕輕扯開麵團，能形成薄膜的狀態。

3 將麵團放入盆中，包上保鮮膜，室溫下發酵 90 分鐘至麵團脹大至 2 倍大小。

4 初次發酵好的麵團揉搓排氣後，均勻分成 50 克一個的小麵團，蓋上保鮮膜，鬆弛 15 分鐘。

5 在烤盤底部刷上一層植物油，將鬆弛好的麵團揉成圓球，擺放進烤盤，相互之間留一定的間隙，讓麵團有發酵的空間。蓋上保鮮膜，二次發酵30分鐘。

6 烤箱預熱至 180℃，將烤盤放入烤箱中下層，上下火 180℃，烤 30 分鐘左右。

7 取出烤好的麵包，放在涼架上自然放涼即可。

TIPS

1 剛烤好的麵包，酵母還在繼續產生作用，因此不要趁熱吃，等到自然涼、沒什麼溫度的時候食用最合適。

2 吃不完的麵包可以直接放入冰箱冷凍，想吃的時候拿出來自然解凍，或用烤箱低溫回烤一下即可。

富含蛋白質的低脂健康麵包

豆漿吐司

高級　200 分鐘

材料

麵包粉 250 克｜豆漿 180 cc
玉米油 20 cc

調味料

乾酵母 3 克｜細砂糖 25 克
鹽 3 克

TIPS

1 玉米油可以用奶油替換，奶油更具有香甜的味道。
2 麵包粉在超市、網路商店都能購買，也可以使用高筋麵粉。

作法

1 將麵包粉、乾酵母、細砂糖、豆漿放入麵包機中，中速攪拌成光滑的麵團，加入鹽、玉米油，繼續高速、中速切換，攪拌至用手輕扯麵團，能形成薄膜狀態。

2 將麵團放入盆中，包上保鮮膜，室溫下發酵 90 分鐘至麵團脹大至 2 倍大小。

3 初次發酵好的麵團揉搓排氣後，均勻分成 4 份，滾成圓球狀，蓋上保鮮膜，鬆弛 15 分鐘。

4 鬆弛好的麵團用手壓扁，用擀麵棍從中間往兩邊擀成橢圓形狀，從上往下捲起來，放入吐司模中，蓋上保鮮膜，最後發酵 30 分鐘，麵團會脹大到吐司模的七分滿。

5 烤箱預熱至 180℃，將吐司模放在烤盤上，擺放在烤箱的下層，上下火 180℃烘烤 30 分鐘。

6 烤好的吐司立即取出並倒扣在涼架上，脫模，自然放涼即可。

特色

吐司是麵包中的經典類別，其鬆軟有Q勁。在此食譜中，用富含蛋白質的豆漿替代清水，採用低油少糖的配方，成品豆香濃郁、健康低脂又好吃。

經典西式早餐

培根雞蛋三明治

特色

這是一款經典的三明治，金黃的雞蛋、紅通通的番茄、翠綠的生菜葉，顏色搭配層次分明，誘人食慾。而培根、雞蛋的組合在味覺上也非常融洽，美味又營養。

材料

吐司 2 片｜培根 1 片
雞蛋 1 顆｜番茄 1/2 個

調味料

生菜葉 2 片｜黑胡椒粉少許
沙拉醬少許

作法

1 平底鍋加熱，培根切半，放入鍋中煎熟至香味溢出，撒上少許黑胡椒粉，取出備用。

2 鍋內無須再放油，利用餘下的油脂，打入雞蛋，撒上少許黑胡椒粉，煎至自己喜歡的程度。

3 番茄洗淨，切成細末，略微帶汁最好，可以中和其他食材的乾燥，而且可以豐富色彩和補充維生素。

4 生菜葉洗淨後撕成小段。

5 吐司去邊，取其一片鋪上培根、番茄末、生菜、雞蛋、擠上沙拉醬，覆蓋上另一片吐司。

6 將正方形吐司以對角方向切開成三角形狀即可。

TIPS

培根富含油脂，在煎的時候不需要再放油，並可利用剩餘油脂煎雞蛋，以減少不必要的熱量攝入。

05
Chapter

雜糧、粗糧類

鹹香鮮美的一鍋熱飯

馬鈴薯燜飯

特色

馬鈴薯容易入味，吸收調味料的香味後煮成米飯，鹹香可口，鮮美香軟，非常好吃。富含微量元素的馬鈴薯搭配富含碳水化合物的白米，在趕時間的情況下，也是一道十分飽足的餐食。

材料

馬鈴薯 1 個（約 200 克）
白米 100 克

調味料

鹽 1 小匙｜植物油少許
胡椒粉少許

TIPS

1 馬鈴薯會吸水，因此稍微多加一些水，使馬鈴薯吃起來更軟綿。
2 馬鈴薯放入白米中後，輕輕攪動一下使其和白米混合均匀，不要攪動過多，以免馬鈴薯上的調味料全部抖落到米粒中。

作法

1 馬鈴薯削皮，洗淨，切成小塊，加入鹽、植物油、胡椒粉攪拌均勻，靜置備用。

2 白米洗淨後，按照 1：1.2 的比例加入清水。

3 白米中加入馬鈴薯，稍做攪拌。

4 將食材放入電子鍋內，用煮飯功能煮熟即可。

作法

1 藜麥洗淨，浸泡 3 分鐘備用。

2 地瓜削皮，洗淨，切成滾刀小塊備用。

3 白米洗淨後，放入藜麥、地瓜塊，混合均勻。

4 將食材放進電子鍋內，按照 1：1 的比例添加清水，用煮飯功能煮熟即可。

特色

藜麥含有豐富的胺基酸和維生素，營養價值非常高，其帶有淡淡的堅果香味，口感有嚼勁，很有飽足感。與富含膳食纖維的地瓜同煮，能讓人體有更好的吸收和消化。

材料

藜麥 50 克｜地瓜 100 克｜白米 50 克

TIPS

1 藜麥提前浸泡吸收水分，蒸出來的口感比較軟。
2 藜麥幾乎包含人體所需的所有營養，是非常健康的食材，可以在超市、雜糧行購買。

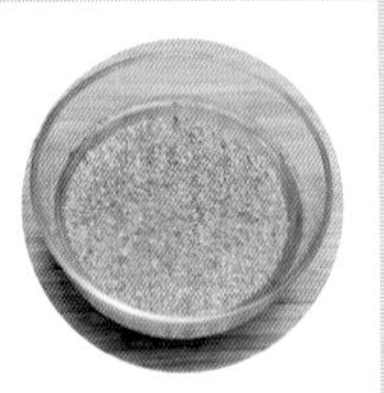

綿密香甜，經典搭檔

紅豆栗子飯

簡單
40 分鐘

特色

一到秋天，糖炒栗子的香味就飄滿了整條街。沙沙甜甜的紅豆和綿密香甜的栗子組合，一直是甜品中的人氣品項。而我們用栗子和紅豆搭配入飯，也是講究時令的好吃法，不但營養健康，口感更是絕佳。

材料

紅豆 30 克｜栗子 30 克｜白米 100 克

TIPS

1 紅豆吸水，因此清水的比例要適當增加一些。
2 喜歡吃甜的人，可以加入些許細砂糖，讓米飯滋味香甜一些。

作法

1 紅豆洗淨後提前浸泡 2 小時左右。

2 栗子剝殼，去皮，掰成小塊。

3 白米洗淨，與栗子、紅豆均勻混合。

4 將食材放入壓力鍋內，按照 1：1.5 的比例加入清水。

5 大火煮至壓力鍋出現蒸氣後，轉小火煮 20 分鐘即可。

作法

1 紫米洗淨後用清水浸泡 120 分鐘，或提前一夜浸泡備用。

2 栗子剝殼，去皮，掰成大塊。

3 砂鍋內加入清水燒開，放入紫米，轉中火，加蓋熬煮 20 分鐘。

4 再放入栗子、冰糖，稍微攪拌，加蓋，繼續熬煮 30 分鐘即可。

香滑有勁的粥

紫米栗子粥

簡單

60 分鐘

特色

栗子的口感綿密香甜，和紫米熬成粥後，黑紫濃郁的粥底中，點綴著淡黃色的栗子塊，香甜可口，滋補氣血。

材料

紫米 50 克｜栗子 50 克

調味料

冰糖 30 克

TIPS

1 去皮栗子有市售品，可以節省烹煮的時間。
2 選擇細長勻稱、光澤度柔和的紫米較好。

溫暖柔和的滋補膳食

小米燕麥粥

簡單 50分鐘

材料

即食燕麥 30 克｜小米 50 克

調味料

細砂糖 20 克

特色

小米補虛養血，燕麥富含膳食纖維，能降低膽固醇。這一碗粥帶著小米的清香、燕麥的厚實，暖和心靈，滋補身體。

作法

1 小米洗淨放入砂鍋中，以 1：10 的比例，在小米中加入清水。

2 大火燒開後，蓋鍋蓋轉小火熬煮 30 分鐘。

3 打開鍋蓋，加入即食燕麥，攪拌均勻，繼續熬煮 5 分鐘，至粥底濃稠。

4 加入細砂糖攪拌均勻即可。

TIPS

1 即食燕麥易熟，所以後放入，若喜歡有咀嚼的口感，可以在最後 3 分鐘時放入燕麥。
2 細砂糖是調味料，可根據個人口味調整用量，也可以不放。

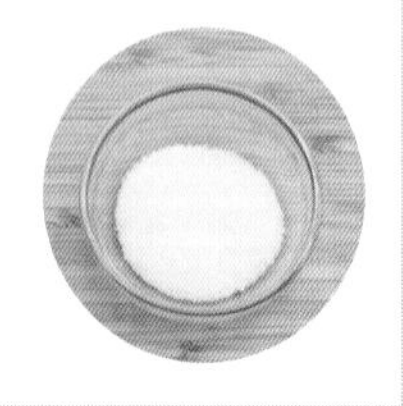

香滑爽口的雜糧小粥

紫薯南瓜粥

簡單　60 分鐘

材料

紫薯（紫地瓜）1 個（約 200 克）
南瓜 200 克｜糯米 50 克

調味料

細砂糖 20 克

特色

紫薯和南瓜中的膳食纖維可促進腸胃消化，清腸排毒。糯米使得粥底香滑濃稠，是一口就能溫暖到胃的熱粥，搭配綿密的雜糧小塊，滿足口腹之餘，更溫暖了身心。

作法

1 糯米洗淨後，提前 2 小時浸泡，或者提前一晚浸泡。

2 紫薯削皮洗淨，切成滾刀塊；南瓜削皮去籽，切成小塊備用。

3 鍋內倒入清水燒開，放入糯米，大火煮沸，轉小火熬煮 20 分鐘。

4 加入紫薯和南瓜，熬煮 20 分鐘，期間用杓子攪拌，以免黏鍋。

5 關火，放入細砂糖，攪拌均勻進行調味即可。

TIPS

1 南瓜有甜味，這道粥品也可不放入糖，或根據個人喜好酌量增減糖量。
2 糯米一定要提前浸泡足夠的時間，否則不容易軟爛。

香甜軟 Q 的紫色精靈

芝麻紫薯餅

簡單　40 分鐘

特色

口感香甜軟 Q 的紫薯，營養極為豐富，而且熱量低，是替代主食的佳品。粉類食材混合了紫薯泥後，顏色鮮亮，再裹上焦香酥脆的芝麻，營養更加完善。經過煎製後的紫薯餅，香酥有 Q 勁，健康又有飽足感。

材料

紫薯（紫地瓜）100 克｜糯米粉 50 克
麵粉 50 克

調味料

白芝麻 20 克｜細砂糖 20 克
橄欖油 1 小匙

作法

1 麵粉和糯米粉按照 1：1 的比例混合，加入少許細砂糖。

2 紫薯削皮、洗淨、切塊，放入蒸鍋中蒸熟後，取出搗碎。

3 紫薯和作法 1 的粉類揉勻成紫薯麵團，分成小份，揉成圓球。

4 再壓扁成圓餅狀，均勻裹上白芝麻。

5 平底鍋加入橄欖油燒熱，將紫薯餅小火煎至兩面金黃即可。

TIPS

1 可根據個人喜好添加細砂糖，紫薯本身有甜味，也可以不放糖。
2 白芝麻可以用黑芝麻替代。

清腸助消化的粗糧主食

玉米麵餅

簡單　30 分鐘

特色

玉米麵香甜，富含幫助腸胃蠕動的膳食纖維，搭配富含能量的高筋麵粉和含蛋白質的雞蛋，一起做成主食麵餅或早餐的餐點，香酥鬆軟不油膩，清爽可口，滋味清甜，是很好的選擇。

TIPS

麵糊中加入橄欖油後，在煎餅的時候就不需要再放油。

材料

玉米麵 100 克｜高筋麵粉 50 克
雞蛋 2 顆

調味料

玉米粒 50 克｜橄欖油 1 小匙
乾酵母 2 克｜鹽 1 小匙

作法

1 乾酵母用少許 30℃ 左右的溫水化開。

2 雞蛋打入碗中，加入 1 小匙鹽打散成蛋液。

3 將玉米麵、麵粉、玉米粒混合，加入酵母水、蛋液，攪拌均勻。

4 適量加入清水調整濃稠度，以麵糊可以緩慢流動為準。

5 加入 1 小匙橄欖油，攪拌均勻。

6 平底鍋燒熱，將麵糊均勻攤開，小火煎至金黃有香味後，翻面續煎，至兩面金黃焦香即可。

美味可口的雜糧酥餅

燕麥早餐餅

高級 70 分鐘

材料

即食燕麥 150 克 | 低筋麵粉 15 克
玉米澱粉 5 克 | 雞蛋 1 顆

調味料

奶粉 5 克 | 葵花籽油 10 cc | 牛奶 15 cc
細砂糖 20 克 | 鹽 1 克

特色

營養含量極高的燕麥，是五穀雜糧家族中的「明星」。在加入了雞蛋和麵粉後製成餅乾，低油少糖，健康低卡，烘烤後穀香濃郁，鬆脆可口，非常美味。

作法

1 雞蛋打進牛奶中，混合均勻。

2 依序加入葵花籽油、奶粉、細砂糖。（每加入一項材料都須拌勻後，再加入另一項。）

3 放入過篩後的低筋麵粉、玉米澱粉和鹽，攪拌成糊狀。

4 再加入燕麥攪拌均勻，捏成每個 25 克左右的小球。

5 烤箱上下火 180℃ 預熱 10 分鐘。

6 趁烤箱預熱時，將燕麥小球壓成圓餅狀，放入鋪有烘焙紙的烤盤中，排列整齊。

7 送入烤箱中，以上火 180℃、下火 160℃ 烤約 25 分鐘，關火，再用烤箱餘溫燜約 10 分鐘，取出。

8 待餅乾涼透後，密封保存即可。

TIPS

1 材料中還可加入堅果，如核桃仁、松子仁、杏仁等。
2 餅乾一定要涼透再密封，否則在密封狀態下，有餘溫的餅乾會吸收水分而回潮。

令人無法抗拒的好滋味

松子烤南瓜

簡單 50 分鐘

特色

松子與南瓜同時烤製，香甜的南瓜上面，加入富含油脂、香脆可口的松子仁，以及少許羅勒碎後，香氣撲鼻，這樣色香味俱全的粗糧大餐，竟然簡單易做，真是讓人愛不釋手。

材料

青皮南瓜 500 克｜松子仁 50 克

調味料

鹽 1 小匙｜橄欖油 1 大匙
黑胡椒碎少許｜乾羅勒碎少許

TIPS

1. 購買表面帶青皮的老南瓜，口感更為綿密香甜。
2. 羅勒是為了增加香味和調色，如果買不到，也可以不使用。
3. 根據南瓜切的厚度不同，烘烤時注意觀察火候，可用筷子夾一下南瓜，若一夾就斷，即為烤熟。
4. 南瓜片要平鋪在烤盤中，讓其均勻受熱，不要堆疊在一起。
5. 如果沒有松子仁，也可以換成瓜子仁或者南瓜子等其他堅果。

作法

1 南瓜洗淨後，削皮、去籽，切成小方塊，放入盆中。

2 在南瓜盆中淋入橄欖油，撒入鹽、黑胡椒碎攪拌均勻。

3 烤盤鋪上一層鋁箔紙，將拌好的南瓜塊平鋪在烤盤中。

4 烤箱預熱至 220℃，將烤盤放入烤箱的中層，上下火 220℃，烤 25 分鐘。

5 將烤盤取出，放上松子仁，再繼續烤約 3 分鐘。

6 取出烤好的松子南瓜，撒上少許乾羅勒碎裝飾即可。

可愛香甜的雜糧小點心

椰蓉紫薯南瓜球

高級 90 分鐘

材料

南瓜 300 克 | 紫薯（紫地瓜）150 克
糯米粉 300 克

調味料

煉乳 30 克 | 蜂蜜 30 克
細砂糖 30 克 | 椰蓉 1 小碗

TIPS

這道食譜有兩種作法：第 1 種是蒸製法，不上火，更健康。第 2 種是油炸法，適合喜歡香脆口感的人，在作法 6 時，改為放進熱油鍋裡油炸至金黃香脆，再裹上椰蓉。兩種不同的作法，口感、風味完全不一樣，可以試試看。

作法

1 南瓜削皮、去籽，切成片；紫薯削皮，洗淨，切成片。

2 蒸鍋內放入清水燒開，將南瓜片和紫薯片放進蒸籠，中小火蒸 15 分鐘，放涼備用。

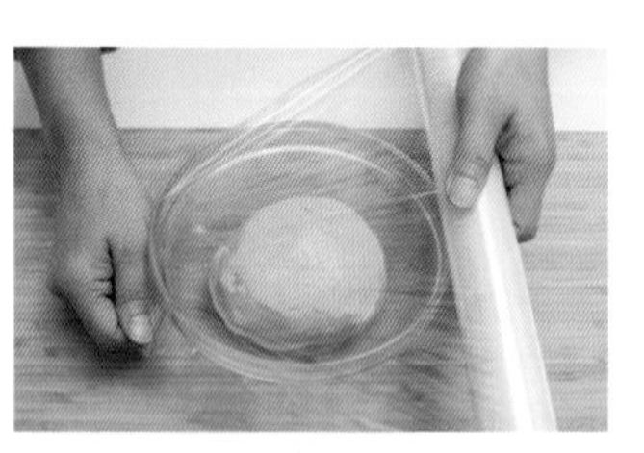

3 放涼的南瓜用杓子壓成泥，添加細砂糖、250 克糯米粉，揉搓成麵團，蓋上保鮮膜靜置 30 分鐘。

4 放涼的紫薯用杓子壓成泥，添加煉乳、50 克糯米粉，揉搓成麵團，蓋上保鮮膜靜置 30 分鐘。

5 將南瓜麵團和紫薯麵團揉成數量相等小麵團。南瓜小麵團和紫薯小麵團的大小比例是 2：1。

6 將紫薯麵團包進南瓜小麵團裡，放進鋪好蒸籠布的蒸籠上。

7 蒸鍋內清水燒開，將蒸籠放進去，蓋上鍋蓋，大火蒸 10 分鐘。

8 蒸好的南瓜球放涼，均勻刷上一層蜂蜜。

9 每個南瓜球放進椰蓉小碗裡，均勻沾裹上椰蓉，擺盤即可。

特色

紫薯和南瓜富含膳食纖維和微量元素，口感接近，都是綿密香甜，能完美的融合。椰蓉則大大提升了點心的口感。白、紫、黃三色搭配，讓點心色彩更加層次鮮明、精緻好看。

甜甜蜜蜜的可愛小點

蜜紅豆窩頭

中等 120 分鐘

特色

小巧可愛的窩頭，一直是民間常見的主食之一。玉米麵窩頭口感香甜、令人回味，加上蜜紅豆的點綴，多了一分嚼勁，口感更加豐富。

材料

玉米麵 200 克｜麵粉 100 克｜蜜紅豆 100 克

調味料

鹽 2 克｜乾酵母 4 克｜小蘇打粉 4 克
細砂糖 50 克

TIPS

1 蜜紅豆是由紅豆加細砂糖製成，有市售品。
2 可用牛奶替代清水，也可用乾果食材（例如葡萄乾）替代蜜紅豆。若家中有豆渣也能添加至麵團中，讓口味有更多選擇。

作法

1 玉米麵、麵粉、細砂糖放入盆中混合均勻。

2 乾酵母、小蘇打粉分別放入小碗中，加入少許清水調成酵母水、小蘇打水備用。

3 在作法 1 粉類中，放入酵母水、適量清水，揉成麵團，蓋上保鮮膜，發酵 60 分鐘。

4 在發酵完成的麵團，加入鹽、小蘇打水揉勻後，蓋上保鮮膜，繼續發酵 30 分鐘。

5 於麵團中加入蜜紅豆，揉勻後，均等分成小麵團，揉成圓球狀，底部用手指做出一個凹洞，即成窩頭了。

6 蒸鍋內放入清水燒開，蒸籠鋪上蒸籠布，將做好的窩頭間隔擺放，放入蒸鍋中，大火蒸 20 分鐘左右即可。

香香甜甜、營養又飽足

紅棗窩頭

中等　60 分鐘

特色

軟嫩不黏牙，香甜又 Q 彈的口感，配上養生的紅棗，好看又好吃，這是一道經典的窩頭美食。

材料

玉米麵 300 克｜紅糖（或二砂糖）50 克
乾紅棗 100 克｜雞蛋 1 顆

調味料

豆渣 150 克｜小蘇打粉 5 克

作法

1 乾紅棗洗淨後，用剪刀把紅棗肉剪成小塊備用。

2 將玉米麵、雞蛋、豆渣、小蘇打粉、紅糖、紅棗肉放入盆中混合。

3 分次倒入適量溫水，用手揉勻成麵團。

4 將麵團分成大小均勻的小麵團，揉成立體半圓球狀，底部用手指做出一個凹洞，即成窩頭形狀。

5 蒸鍋內倒入清水燒開，蒸籠鋪上蒸籠布，將做好的窩頭間隔擺放，放入蒸籠中，大火蒸 20 分鐘左右即可。

TIPS

紅棗肉剪小塊一些，否則做窩頭時，麵團容易裂開。

炎炎夏日中的清爽主食

蕎麥冷麵

中等 30 分鐘

特色

蕎麥冷麵是麵條分類中極為健康的低熱量種類之一，嚼勁十足，因為是粗糧，所以能補充一般精細米麵中所沒有的微量元素。在炎熱的夏天，蕎麥冷麵搭配各種時令蔬果，甜酸開胃、清爽解膩。

材料

蕎麥麵條 100 克｜黃瓜 100 克
蘋果 100 克｜滷牛肉 50 克｜熟雞蛋 1 顆

調味料

鹽 1 小匙｜蒜蓉 1 小匙｜生抽 1 小匙
辣椒油 1 小匙｜香菜少許｜細砂糖少許
陳年醋少許

TIPS

1. 蕎麥麵條有市售品，一般都是乾的，需要在溫水中浸泡至軟，看一下說明書，有些是直接浸泡軟後即食，有些還需要煮熟加工。

2. 可以加入自己喜歡的各類蔬菜，例如紅蘿蔔絲、高麗菜絲等。
3. 滷牛肉可以購買市售成品，也可以自己製作一些肉類的配菜，放在冰箱冷藏，吃的時候直接拿出來切好即可。

作法

1 蕎麥麵條用清水浸泡 10 分鐘至變軟，瀝乾水分備用。

2 鍋內倒入清水燒開，放入蕎麥麵條，煮至麵條心變軟、熟透有嚼勁即可撈出，過冷水後，瀝乾水分備用。

3 香菜洗淨、切成末；滷牛肉切成薄片。

4 黃瓜、蘋果洗淨後，削皮切成絲；熟雞蛋剝殼後對半切開。

5 準備一個大湯碗，放入鹽、生抽、細砂糖、陳年醋，倒入冷開水，攪拌均勻製成湯料。

6 將蕎麥麵條倒入湯碗中，放入黃瓜絲、蘋果絲、牛肉片、雞蛋、香菜末、蒜蓉，淋上辣椒油即可。

五穀雜糧的黃金組合

黃金粗糧雙拼

簡單 30 分鐘

特色

用最簡單的蒸製方式，獲取五穀雜糧最原始的香甜和營養。

材料

地瓜 1 個（約 500 克）｜玉米 2 根

TIPS

1 判斷地瓜是否蒸熟，可用筷子戳入地瓜中，若能用筷子戳到底就表示蒸熟了。
2 地瓜不用削皮，皮能鎖住水分，同時能隔絕蒸氣過度滲入到地瓜中，造成地瓜太爛。

作法

1 地瓜洗淨表皮的泥沙，切成三大塊；玉米切成三段。

2 蒸鍋內放入清水燒開，將地瓜、玉米放入蒸籠內。

3 中火蒸 25 分鐘左右，至地瓜、玉米熟透。

4 取出地瓜、玉米，裝盤即可。

色澤鮮明、口感酥脆

田園馬鈴薯餅

中等 50 分鐘

特色

食材的顏色搭配鮮明，富含多種營養物質，飽足、營養又好吃，是一道色香味俱全的菜式。

材料

馬鈴薯 500 克｜紅蘿蔔 50 克｜熟豌豆仁 80 克

調味料

鹽 1 小匙｜胡椒粉 1 小匙｜植物油 1 大匙

TIPS

1 馬鈴薯泥直接用杓子壓，可以保留少許顆粒，吃起來口感更為豐富。

2 喜歡吃辣的人，可以在調味料中加入少許辣椒粉，拌勻即可。

作法

1 馬鈴薯洗淨後削皮，切成小塊；豌豆仁洗淨；紅蘿蔔洗淨後切成末備用。

2 蒸鍋內清水燒開，將馬鈴薯塊放入蒸籠，中小火蒸約 15 分鐘至馬鈴薯熟軟。

3 取出蒸好的馬鈴薯放入盆內，用湯匙壓成泥。

4 馬鈴薯泥中加入紅蘿蔔末、豌豆仁、鹽、胡椒粉，攪拌均勻成泥狀。

5 取平底鍋，倒入植物油燒熱，挖一杓馬鈴薯泥放入鍋中，再用杓子輕壓成餅狀，轉小火，煎至兩面金黃。

6 剩餘馬鈴薯泥依序完成，做成馬鈴薯餅，裝盤即可。

外酥內嫩、鹹香可口的小點

椒鹽薯餅

中等　50 分鐘

特色

馬鈴薯是極容易入味的食材，不管和任何湯汁佐料調和，都能融合得恰到好處。富含維生素和澱粉的馬鈴薯，搭配了含蛋白質的雞蛋和牛奶，膳食營養全面，揉進麵粉中，經過煎製，芳香可口，外酥內嫩，不管是作為主食或點心，都很開胃飽足。

材料

馬鈴薯 1 個（約 220 克）｜雞蛋 1 顆
脫脂牛奶 60 cc｜糯米粉 30 克

調味料

鹽 1/2 小匙｜黑胡椒粉 3 克
橄欖油 1 小匙｜蔥花少許

作法

1 馬鈴薯洗淨、削皮、切成小塊，放入蒸鍋中蒸至熟軟。

2 馬鈴薯放涼後用湯匙或料理機打成泥，加入蔥花攪拌均勻。

3 碗內打入雞蛋，加入脫脂牛奶、鹽、黑胡椒粉、橄欖油快速攪打均勻。

4 把蛋液慢慢添加到馬鈴薯泥中，邊加邊攪拌，使其均勻形成糊糊的狀態。

5 加入糯米粉，慢慢添加，根據濃稠度來調整，攪拌均勻，最後形成黏糊、可以流動狀態的麵糊。

6 平底鍋燒熱，倒入一杓麵糊，小火煎至兩面金黃焦香即可。

TIPS

1 可以添加自己喜歡的調味料，例如五香粉、辣椒粉等。
2 麵糊中加入了少許橄欖油以防止黏鍋，因此煎餅的時候就不需再放油。

香滑細膩的護胃點心

雞汁馬鈴薯泥

簡單

40 分鐘

作法

1 馬鈴薯洗淨，削皮，切成小塊。

2 馬鈴薯放入蒸鍋中蒸熟後，用杓子壓成泥狀。

3 趁熱加入雞汁、黑胡椒粉，拌勻。

4 將馬鈴薯泥以保鮮膜包裹住，捏成圓球。

5 將捏好的馬鈴薯球從保鮮膜中取出，放入盤中，澆淋上一層雞汁，撒上少許黑胡椒粉調味即可。

特色

馬鈴薯暖胃、護胃。經過蒸製後的馬鈴薯香滑細膩，完全浸透吸收了香濃的雞汁，使得馬鈴薯泥的口感進一步提升，好吃又健康。

材料

馬鈴薯 1 個（約 220 克）

調味料

雞汁 50 cc
黑胡椒粉 1/2 小匙

TIPS

可以購買市售瓶裝雞汁，一般含有鹽分，因此馬鈴薯泥中不需要再放鹽，如果是無鹽雞汁，才需要在馬鈴薯泥中加入適量鹽分。

作法

1 地瓜洗淨後，擦乾水分。

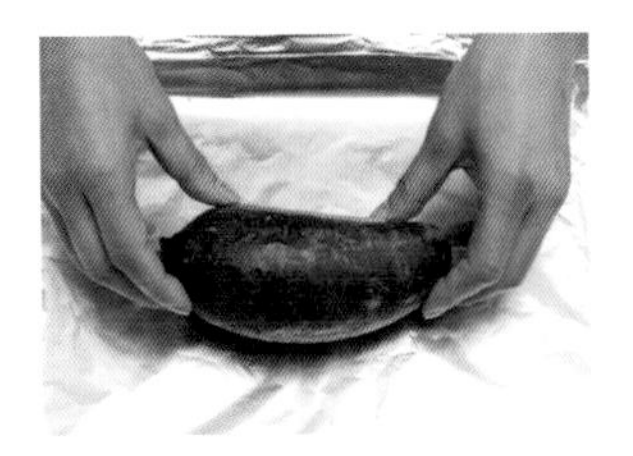

2 烤箱預熱至 220℃，烤盤鋪上一張鋁箔紙，將地瓜放在鋁箔紙上。

3 烤盤放入烤箱的中層，220℃上下火烤約 60 分鐘至地瓜熟透，有糖汁滲出即可。

秋冬季節裡的甜心暖品

烤地瓜

特色

地瓜是田間最尋常的食材，含有大量的粗纖維和豐富的維生素，好吸收、易消化，能幫助腸胃蠕動，提高身體的新陳代謝。地瓜口感香甜，烤地瓜更是香濃甜軟，溏心流蜜，是秋冬季節暖胃暖心的好吃食。

材料

地瓜 2 個

TIPS

1 最好購買紅心地瓜，紅心地瓜的糖分比較高，容易出糖汁。
2 地瓜不宜太大，中等即可，一個約 200 克。太大不易烤熟。
3 具體烘烤的時間根據地瓜的大小而定，烘烤途中觀察火候，看到地瓜完全變軟、流出糖汁即可。

金黃色澤、濃香滿溢的健康美食

起司焗地瓜

中等　60 分鐘

材料

地瓜 1 個（約 500 克）｜雞蛋 1 顆
牛奶 100 cc

調味料

馬札瑞拉起司 50 克｜起司片 2 片

作法

1 地瓜洗淨後對半切開備用。

2 將雞蛋敲開後，蛋黃和蛋白分別放入兩個碗中，將蛋黃打散成蛋液備用。

3 地瓜用鋁箔紙包裹好，這樣可以鎖住水分。放入微波爐中微波至地瓜變軟。

4 將地瓜肉挖出，地瓜殼保留。地瓜殼保留一層帶肉的厚度，以免太薄，會失去支撐的作用。

5 挖出地瓜肉放入一個容器中，倒入牛奶攪拌均勻。

6 在地瓜泥中加入切碎的馬札瑞拉起司，稍微拌勻，再將地瓜泥回填至地瓜殼中，表面抹平。

7 在表面刷上打散的蛋黃液，鋪上起司片。同時，將烤箱預熱至 180℃。

8 烤盤鋪上鋁箔紙，將地瓜放在鋁箔紙上，再擺放於烤箱中層，上下火 180℃，烤 20 分鐘即可，趁熱吃。

TIPS

1 蛋黃有一層膜包裹，因此和蛋白是比較容易分離的，用兩個碗來回倒一下就能分開。
2 如果沒有微波爐，可以直接將地瓜蒸熟至地瓜肉能挖出來的程度，再做下一步的處理。

特色

地瓜是常見的主食之一，剛烤出爐的地瓜香甜軟綿，是秋冬特別暖心的吃食。在家也能做出好吃的烤地瓜升級版，加上起司烘烤，香氣四溢，一杓挖下去，牽絲的起司誘人心弦，讓人食指大動。

香滑甜嫩，精緻如甜品

桂花芋泥

簡單　50 分鐘

特色

芋頭澱粉含量高，容易有飽足感。其口感綿密，香氣濃郁，蒸熟後打成泥，佐以蜂蜜和細砂糖調味，更加甜美可口。以圓碗的造型倒扣於盤中呈現，就如同一道精緻的甜品，可以替代主食。

材料

芋頭 1 個（約 300 克）

調味料

細砂糖 1 大匙｜蜂蜜 1 大匙｜乾桂花少許

作法

1 將芋頭削皮、洗淨後切成小塊。

2 蒸鍋內清水燒開，將芋頭塊放入蒸籠中，中小火蒸製 30 分鐘至熟透。

3 取出蒸好的芋頭放涼，以湯匙或放入料理機中，加入細砂糖壓或打成泥，可保留一些顆粒增加口感。

4 將芋泥倒入小碗中，壓至緊實後，倒扣到大的餐碟中，擺盤。

5 淋上蜂蜜，撒上乾桂花即可。

TIPS

1 蒸製芋頭時，可以用筷子戳一下，若很容易戳進去則表示蒸熟了。

2 芋頭本身沒有味道，但是很吸味，因此需要放一些調味料，細砂糖和蜂蜜的分量可以根據自己的口味適量增減。

暖胃補身的五穀雜糧

粗糧雙蒸

簡單 30 分鐘

材料

小芋頭 4 個｜鐵棍山藥 1 根（約 300 克）

特色

芋頭的香濃綿密讓人回味無窮，極具飽足感。山藥營養價值極高，熱量又極低，都是有利於人體腸胃消化的黃金粗糧。

作法

1 小芋頭洗淨。

2 鐵棍山藥洗淨，表皮稍做清理，刮掉表面的細鬚，切成手指長的段狀。

3 蒸鍋內放入清水燒開，將小芋頭、山藥放入蒸籠中。

4 再以中火蒸約 25 分鐘至兩者熟透。

5 取出小芋頭、山藥裝盤，吃的時候剝皮即可。

TIPS

1 判斷小芋頭是否蒸熟，可以用筷子試戳，若能戳到底，就表示熟透了。

2 鐵棍山藥比較細，皮很細嫩，可以直接吃，不用削皮。

擺盤美觀、顏色鮮亮的高纖維主食

紫薯山藥塔

中等 50 分鐘

特色

紫薯含有大量的粗纖維，能幫助消化，和山藥一樣綿密的口感中帶著自然的香甜。白紫交錯的顏色、淋上晶瑩剔透的蜂蜜，用交錯堆疊的擺盤方式呈現，是一道飽足好吃、熱量極低且顏值很高的菜式。

材料

鐵棍山藥 300 克｜紫薯（紫地瓜）300 克

調味料

蜂蜜 1 大匙｜黑芝麻少許

TIPS

1 因為需要搭成井字，所以紫薯需要購買大型的，才能切成比較完整的長條。剩餘的材料留著可以熬粥，不會浪費。
2 若擔心蒸熟後的紫薯和山藥太軟綿切不好，也可以將生山藥和紫薯先切好，放入盤中擺好，再放入蒸鍋裡蒸。
3 可以根據個人的口味需求，用其他的醬料替代蜂蜜，例如沙拉醬、番茄醬等，則不需要再放黑芝麻。

作法

1 紫薯、山藥洗淨備用。

2 蒸鍋內放入清水燒開，將紫薯、山藥放入蒸籠中。

3 山藥蒸 20 分鐘，取出去皮；紫薯蒸 30 分鐘，取出去皮。

4 將山藥和紫薯都切成約 2 公分厚的長方條，切的時候注意力道，蒸熟的山藥和紫薯都非常軟綿，別切爛了。

5 再將山藥條和紫薯條按照一層山藥、一層紫薯的順序，橫豎交錯堆疊成井字，一層 3 根。

6 淋上蜂蜜，撒上黑芝麻即可。

國家圖書館出版品預行編目(CIP)資料

花樣主食：從最平凡的一鍋飯，到中西合壁的各式麵點，輕鬆上桌！/ 薩巴蒂娜主編. -- 初版. --
新北市：大眾國際書局, 西元2019.12
192面；17×23公分 . --（瘋食尚；6）

ISBN 978-986-301-939-8（平裝）

427.1 108016571

瘋食尚SFA006

花樣主食：從最平凡的一鍋飯，到中西合壁的各式麵點，輕鬆上桌！

主編	薩巴蒂娜
總編輯	楊欣倫
協力編輯	徐淑惠
特約編輯	林涵芸
封面設計	張雅慧
排版公司	芊喜資訊有限公司
行銷統籌	楊毓群
行銷企劃	蔡雯嘉
出版發行	大眾國際書局股份有限公司 海濱圖書
地址	22069新北市板橋區三民路二段37號16樓之1
電話	02-2961-5808（代表號）
傳真	02-2961-6488
信箱	service@popularworld.com
海濱圖書FB粉絲團	http://www.facebook.com/seashoretaiwan
總經銷	聯合發行股份有限公司
電話	02-2917-8022
傳真	02-2915-7212
法律顧問	葉繼升律師
印刷協力	群鋒企業有限公司
初版一刷	西元2019年12月
定價	新臺幣350元
ISBN	978-986-301-939-8

海濱圖書讀者回函卡

謝謝您購買海濱圖書，為了讓我們可以做出更優質的好書，我們需要您寶貴的意見。回答以下問題後，請沿虛線剪下本頁，對折後寄給我們（免貼郵票）。日後海濱圖書的新書資訊跟優惠活動，都會優先與您分享喔！

✍ 您購買的書名：________

✍ 您的基本資料：

姓名：________，生日：___年___月___日，性別：□男 □女

電話：________，行動電話：________

E-mail：________

地 址 ：□□□-□□ ________縣／市 ________鄉／鎮／市／區

________路／街 ____段 ____巷 ____弄 ____號 ____樓／室

✍ 職業：

□學生 □家庭主婦 □軍警/公教 □金融業 □傳播/出版 □生產/製造業 □服務業

□旅遊/運輸業 □自由業 □其他 ________

✍ 您的閱讀習慣：

□文史哲 □藝術 □生活風格 □休閒旅遊 □健康保健 □美容造型 □兩性關係 □百科圖鑑

□其他________

✍ 您對本書的看法：

您從哪裡知道這本書？□書店 □網路 □報章雜誌 □廣播電視

□親友推薦 □師長推薦 □其他 ________

您從哪裡購買這本書？□書店 □網路書店 □書展 □其他 ________

✍ 您對本書的意見？

書名：□非常好 □好 □普通 □不好　　封面：□非常好 □好 □普通 □不好

插圖：□非常好 □好 □普通 □不好　　版面：□非常好 □好 □普通 □不好

內容：□非常好 □好 □普通 □不好　　價格：□非常好 □好 □普通 □不好

✍ 您希望本公司出版哪些類型書籍（可複選）

□甜點食譜 □料理食譜 □飲食文化 □美食導覽 □圖鑑百科 □其他 ________

✍ 您對這本書及本公司有什麼建議或想法，都可以告訴我們喔！

____

____

____

220-69

新北市板橋區三民路二段37號16樓之1

海濱圖書 收

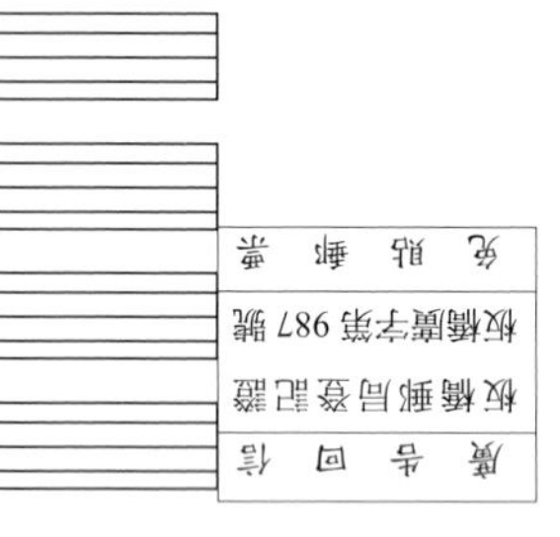

寄件人地址：

□□□-□□ ______縣/市______鄉/鎮/市/區

______路/街______段______巷______弄______號______樓/室

海濱圖書

服務電話：(02)2961-5808（代表號）

傳真專線：(02)2961-6488

e-mail：service@popularworld.com

海濱圖書 FB 粉絲團：http://www.facebook.com/seashoretaiwan